KB268295

엄마도 상처받는다

10대 아이와의 기싸움에 지친 부모들을 위한 심리학

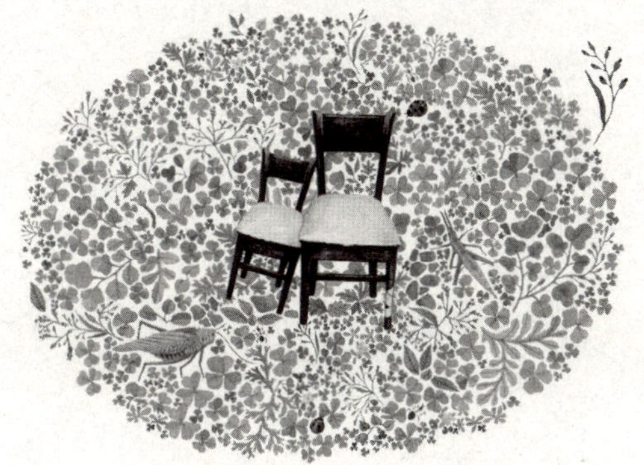

서울아동청소년상담센터 소장 이영민 지음

웅진 지식하우스

사춘기, 아이의 변화가 두려운가요?

내 아이가 변해간다…….

몸이 훌쩍 어른만해진다. 그러면서도 행동은 여전히 애 같다.
부모는 그런 아이가 좀 징그럽다.

어린아이 같은 표정도 바뀐다. 눈매가 예사롭지 않다.
서늘한 눈빛이 부모 마음을 아프게 한다.

마음이 요동친다. 까르르 웃다가도 짜증도 쉬이 온다.
그래서 부모 마음도 널뛴다.
말수가 줄고 혼자이고 싶어 한다. 부모 품을 떠나려 한다.
멀어져가는 아이 때문에 부모 마음이 서글프다.

친구와의 시간이 는다.
부모의 외로움의 시간도 는다.

자기가 옳다고 우긴다. 늘어난 말대답에 위협받는 권위!
부모가 흔들린다.

옷이나 외모 가꾸기에 신경 쓴다. 혹시 야동은 보았을까?
부모 마음이 조심스럽다.

연예계 소식을 꿰고 산다. 쓸데없이 시간 보내는 게 아깝다.
부모 눈살이 찌푸려진다.

격분하는 모습이 많다. 이게 진정 내 자식인가?
부모도 자녀가 무섭다.

…… 이렇게
자녀의 사춘기가 온다.

변해가는 아이의 모습에 부모의 마음이 불안하다.
부모의 사춘기 때와는 다른 자녀의 사춘기
참 낯설고 두렵다.

사춘기 자녀를 모르기에 불안하고,

사춘기 자녀에 대한 잘못된 편견으로 불안하고,

사춘기 자녀가 헤쳐 갈 사회 속 경쟁과 비교로 불안하다.

자녀가 사춘기라는 새 길에 들어서면,

자신의 어린 시절 방식을 버린다.

호르몬, 뇌 발달, 동조 집단, 강해진 자의식 등에 의해서

'천상천하 유아독존'의 제2의 자기중심성을 형성한다.

이런 새 길의 방식을 이해하지 못하면,

부모는 달라진 자녀에게 실망하고, 압박하고, 회유하고,

외로워하며 더 집착한다.

부모와 자녀 사이에 한없이 깊은 골을 만들게 된다.

사춘기는

애벌레에서 번데기로 변형되는 시간이다.

이 시간을 통해 지난 10년 남짓의 과거 속 불만과 욕구를

다시 균형 잡으려 몸부림친다.

그래서

사춘기의 모습은 아이의 어린 시절의 반영체이다.

동시에

사춘기의 달라진 모습을 통해 일그러진 자화상을 다시 수정한다.

사춘기 자녀는 새로운 나를 만들어간다.

진정한 자신을 발견하고, 꿈꾸어간다.

자녀가 사춘기가 되면,

이처럼

부모도 변해야 한다.

자녀의 건강한 성장을 위해

부모는 더 이상 먹히지 않는 예전 훈육 방식의 집착에서 벗어나야 한다.

새로운 관점을 가져야 한다.

부모는

위로자가 되어야 한다.

과거 잘못된 방법으로 상처받은 마음을 치유하기 위해

격려자가 되어야 한다.

자녀가 원하는 '나(self)'가 되도록 조언자가 되어야 한다.

자녀가 삶에서 바른 판단을 하도록 동행자가 되어야 한다.

인생의 버팀목으로 부모를 의지할 수 있도록…….

봄날이 온다.

혹독한 추운 겨울이 지난 뒤 다가온 햇살이 따스하다.

눈과 바람 속을 참고 견디었던 나무가 새 옷을 입는다.

연초록의 새순이 대견하다.

"봄이 속삭인다.
꽃 피라, 희망하라, 사랑하라,
삶을 두려워하지 말라." (헤르만 헤세)

자녀의 사춘기(思春期)가 온다.
그리고
부모의 성장기(成長期)가 온다.

사춘기의 자녀가
인생의 새 길을 잘 개척하도록,
멋진 나비로의 탈피를 위해 준비하는 번데기의 시기를 잘 견디도록,
추운 날을 이긴 봄꽃의 만개와 같이 꽃피울 날을 희망하도록
부모도 사춘기 자녀를 이해하며 알아가야 한다.
그 깨달음 속에서 부모도 삶의 더 깊은 의미를 깨닫는다.

이 책은 그런 희망을 꿈꾸는 사춘기 부모들을 위로하고 공감하며 동행하는 좋은 벗이 되고자 한다.

2013년 1월
이영민

1장

"엄마한테 좀 살갑게 굴 수 없니?"

부모의 마음속 상처 들여다보기

자기 상처를 인정하지 못하는 부모

사춘기 자녀에게서 느끼는 부모 마음

어느 날 상담실에 찾아온 엄마와 초등학교 6학년 딸. 아이는 예의바르고 밝아 보이는데, 엄마는 얼굴에 근심이 가득하다. 얘기를 들어보니, 밖에서는 꽤 괜찮은 아이로 통하는 딸이 엄마한테는 함부로 행동한다. 신경질적인 반응은 물론 점차 말도 거칠어지더니 욕까지 하기에 이르렀다. 아빠에게 크게 혼이 났지만 고칠 기미가 보이지 않는다. 어릴 때만 해도 맛있는 게 있으면 엄마 입에 먼저 넣어주는 아이였는데 왜 이렇게 컸는지 모르겠다. 그래서 엄마는 두 얼굴의 딸이 무섭다.

"이제 사춘기 시작인가 봐요" 하며 엄마는 크게 한숨을 쉰다. 남들이 말하는 그 사춘기가 이렇게 시작되는가 싶은데, 엄마 마음이 심란하다. 딸아이 때문에 힘든 기억이 없을 만큼 수월하게 잘 커줬는데, 변해가는 아이에게 대응할 방법을 못 찾겠다. 하라는 공부는 점점 더 안 하고 친구들과 무리 지어 놀려고만 하는 아이, 연예인에 남자 친구, 옷 등 아이의 관심사가 엄마는 온통 마음에 들지 않는다. 먹는 것도 심하게 밝히고 잠도 많이 자고 몸도 자꾸 뚱뚱해지는 딸의 모습에 귀엽고 사랑스러운 내 아이는 어디 갔나 싶다. 변해가는 딸의 모습에 엄마는 당황스럽다.

방문 걸어 잠그고 자기 물건마다 열쇠나 잠금 장치를 해둔 모습에 조잘대던 딸은 어디 갔나 싶어 섭섭하다. 그러던 중 엄마가 카톡 좀 그만하라고 한마디 하자 딸은 "그만 좀 참견해" 하고 되받아쳤다. 엄마는 서운함을 넘어서 화가 북받쳐 올랐다. 어떻게 키웠는데 이제 엄마를 무시하며 저런 말을 하는가 싶어 '어디 엄마 없이 지내봐라' 하는 오기가 나서 딸과 냉전도 자주 생긴다. 엄마에게 멀어져가는 딸이 얄밉다.

학교에서 친구들과는 잘 지내고 있으나 상위권을 유지하던 성적이 자꾸 떨어져 선생님도 걱정을 하신다. 엄마에게 떽떽거려도 성적은 어느 정도 유지해서 그나마 참았는데, 이번 시험 때는 아예 공부를 하지 않더니 결국 성적이 엉망으로 나왔다. 이렇게 공부까지 못하는 아이의 모습에 엄마는 더 이상 참을 수가 없다. 엄마를 실망시키는 딸에게 정말 화가 난다.

엄마는 차라리 딸과 이렇게 냉전 상태로 지내는 게 오히려 편하다는 생각도 든다. 그런데 어떤 날은 딸이 살갑게 애교를 부리며 엄마에게 이것저것 요구하기도 한다. 아이가 가끔은 엄마와 자려고도 하는데, 정 떨어지게 행동하고 뭐하는 건가 어처구니없이 보인단다. 정말 해야 할 것을 알려주면 필요 없다고 소리치면서 자기가 원하는 것이 있을 때만 찾는구나 싶어 반응하기도 싫단다. 엄마의 마음은 점점 냉담해진다. 자기밖에 모르고 엄마에게는 상처만 주는 딸. 이렇게 내 아이가 엄마를 배신(?)할 줄은 몰랐다고 한다.

사춘기 자녀에게서 느끼는 엄마의 대표적 감정이다. 이 엄마를 보면서 나의 경험을 반추하게 된다. 내 아이가 7살 정도였을까? 내 손을 잡고 시장 구경을 다니는 아이가 엄마의 말에 다소곳이 대답하며 즐거워하는 모습을 본 시장 상인이 "참 좋을 때예요" 하고 말했던 기억이 난다. 당시 나는 그 말을 바로 이해하지 못해 "그럼 지금 아이와 어떠신데요?" 하고 물었다. 그분은 "찬바람만 불고 엄마는 본체만체죠" 하며 나를 몹시 부러운 눈으로 쳐다보셨다. 나는 그때 그분이 개인적으로 자녀와 사이가 안 좋은 때문이겠거니 생각했다. 그리고 나에게는 그런 상황이 절대 일어나지 않으리라 여겼으며, 아이의 나에 대한 사랑을 조금도 의심하지 못했다. 그런데 내 아이도 사춘기가 되면서 변하기 시작했다.

언제부턴가 아이가 나의 행동에 대해 정확하게 꼬집는 일이 많아졌다. 내가 이웃집 아이를 대할 때와 자신을 대할 때의 행동이 다르다는 것을 일일이 언급하며 반박하는데, 더 이상 말로 이길 재간도 없다. 나의 심중을 꿰뚫어보듯 말하는 아이의 말에 어쩔 줄 몰라 당황하는 경우도 흔하다. 말발이 서지 않는 부모의 체면이 괴로워 괜히 아이에게 화를 내는 모습을 보인 적도 한두 번이 아니다. 어릴 때는 윽박지르는 것이 먹혀들었지만, 이젠 전혀 아랑곳 않는 아이의 행동에 내 모습이 초라하게까지 느껴진다. 아이의 눈빛은 가끔씩 섬뜩하리만큼 날카롭고, 엄마를 보고도 외면하며 지나쳐버리는 모습에 마음은 깊은 상처를 받는다.

'church face(예를 들면 권사님이 자기 자녀에게는 막 함부로 말하다가 전화가 오면 아주 공손하고 친절한 권사님 목소리로 바뀐다는 것)'라는 말이 있다. 사람이 가족과 다른 사람들에게 대하는 행동이 다르다는 것을 빗대어 풍자한 말인데, 우리 집에서는 지금 사춘기인 아이가 바로 이에 해당하는 것 같다. 엄마에게는 찬바람 불 듯 쌀쌀맞게 굴다가도 친구에게 전화가 오면 어쩜 그리 달콤한 목소리로 속삭이며 깔깔거리는지……. 두 얼굴이 바로 이런 거구나 싶을 정도로 차별적 언행에 또다시 엄마인 나의 마음에 상처가 생긴다.

아직 품 안의 자식 같아 안아주고 스킨십을 해주려고 하면, 마치 뭐 묻은 개 쳐다보듯 꺼리며 몸을 슬슬 피하는 아이의 모습에 나를 거부하고 있다고 여겨져 또한 서글퍼진다. 나도 아이와 부드럽고 따뜻한 대화를 나누고 싶을 때가 있다. 그런데 아이가 나를 외면하고 저항하거나 완강히 거부하면, 아무리 부모라 해도 인간적으로 마음을 나누고자 하는 욕구가 제대로 채워지지 않아 외롭고 슬퍼지는 건 어쩔 수 없다.

어디 상담실에 온 엄마나 나만 이럴까? 사춘기 자녀를 둔 부모들의 하소연은 거의 매한가지이다. 어떤 부모는 자기 딸이 늘 이글거리는 불꽃 눈으로 자신을 째려봐 너무나 힘들다며 그 순한 딸이 왜 그렇게 변했는지 속상해한다. 또 다른 엄마의 경우 아들을 부르면 "왜?"라는 외마디뿐 힐끗거리며 사라져서 아들과의 대화가 끊긴 지 오래란다.

나의 아이도 엄마 말이 듣기 싫은지 시간만 나면 MP3 이어폰을 귀에 꽂는다. 자신은 좋아하는 음악을 듣는다고 하지만 내 보기엔 엄마 말을 무시하고 싶은 행동인 듯해 화가 난다. 아이들이 좋아하던 한 청소년

드라마에서 주인공이 늘 헤드셋을 꽂고 다니기에 음악 마니아인 줄 알았는데, 알고 보니 다른 사람들의 말을 듣기 싫어 그렇게 행동하는 거라던 고백이 내 아이의 모습과 오버랩 된다.

빨라지는 사춘기

부모가 사춘기 자녀에 대해 왜 이렇게 당황하고 속상해하는 것일까? 부모 역시 사춘기를 겪었음에도 왜 내 아이의 행동에 우왕좌왕하는 마음이 생길까? 아마 요즘 사춘기 아이들에 대한 이해가 부족한 때문이 주요 원인일 것이다. 하지만 이보다 더 큰 이유는 부모가 마음의 준비가 되어 있지 않기 때문이다.

아이가 부모의 품을 떠나 독립적 인격으로 바로 서려는 모습을 확고히 보이는 시기가 바로 사춘기다. 이를 머리로는 알지만 마음으로 받아들이기가 쉽지 않기에 부모가 힘겨워하는 것이다. '아직 어린애인데' 하는 마음이 크기에 아이를 좀 더 돕는 것이 부모의 역할이라 여긴다. 부모에게 이런 혼란을 주는 가장 큰 이유 중 하나는 '빨라진 사춘기'이다.

사춘기가 점차 빨라지고 있다. 2012년 최근 학회지에 소개된 미국 연구에 따르면, 백인의 경우 9살에서 10살에 사춘기가 시작된다. 이는 우리나라 아이들의 변화와 다르지 않다. 학교나 상담실 혹은 내 주위 아이들을 주의 깊게 살펴보면 사춘기가 당겨지고 있음을 알 수 있다.

초등학교 4학년부터 초기 사춘기의 모습을 보이는 여아가 늘고 있다. 성조숙증이 늘면서 이런 조기 사춘기의 아이도 많은데, 5학년부터는

50퍼센트 이상이 2차 성징을 보이며 사춘기적 반응을 한다. 하지만 좋아진 식생활 환경으로 신체적 발육이 빨라지고 높은 학구열에 인지적 성숙이 빨라지는 데 비해 정서적 성숙은 더디기만 하다. 그 결과 아이는 어른과 아이를 오가는 혼란스런 모습을 보이며, 부모는 아이를 대할 때 어디에 초점을 두어야 할지 몰라 난감해한다.

사춘기의 행동 양상이 호르몬에 의해 많이 좌지우지되는 건 맞다. 하지만 사춘기 아이의 모든 양상이 단순히 호르몬 때문만은 아니다. 사춘기는 사람의 성장에서 유아기적 욕구를 다시 한 번 해결하는 시기이기도 하다. 사춘기라는 시기에는 자아정체감 형성이 주요한 과제인데, 사실 이러한 정체감이 사춘기 때 처음 시작하는 것은 아니다. 유아를 돌보는 엄마와 보살핌을 받는 유아 간의 상호 작용에서 오는 애착에서부터 자기 인식이 생긴다.

그리고 이후 아이의 선택 경험과 아동기의 '동일시의 동화(아동기의 인지 과정에서 자기 방식으로 수용되기 힘든 내용이 생길 때 자기 방식을 버리고 다른 사람의 방식대로 수용하는 과정을 배우는 것이 '동화의 과정'이다. 다른 사람의 언행을 모방하면서 자신의 모습을 만들어가는 동일시가 동화의 한 과정으로 이루어짐을 말한다)'를 통해 자아정체감이 자란다. 주로 부모, 또래 및 중요한 타인과의 사회적 동일시가 우선된다. 그런데 이러한 과정에서 부모로부터 원하는 욕구를 제대로 충족하지 못한 아이들은 신체적 호르몬의 영향과 인지적 자기중심성(인지 능력이 추상적 단계로 들어오면서 자신이 남들은 생각하지 못하는 것을 생각한다고 착각하며 생기는 나르시시즘적 사고)에 힘입어 자신의 미숙한 정서적 문제(자라면서 충족되지 않은 아이만의 정서적 문제들)를 해결하고자 한다. 사춘기 아이들의 다양한 행동 양상은 바로 심적 문제를 충족받기 위한 신호로 볼 수 있다.

제2의 부모-자녀 갈등 시작

나 또한 내 아이의 변화를 보면서 자식은 언젠가 떠난다는 것을 알고 준비해야 함을 머리로는 안다. 하지만 막상 아이의 말과 행동이 변해갈 때 그냥 잘 크고 있다고 대견하게 여기지만은 못하는 게 부모의 솔직한 마음임을 깨닫게 된다. 수많은 연구 결과와 실제 상담 사례들을 통해 충분히 알고 있었던 나조차도 막상 사춘기에 접어든 내 아이에게서 거리감이 느껴지고, 아이가 먼저 나를 거부하는 행동이나 말은 그야말로 마음에 상처가 될 수밖에 없음을 뼈저리게 느낀다. 바로 이런 상처를 인정하기 힘들어서 나타나는 게 제2의 부모-자녀의 갈등 모습이다.

사춘기 자녀와 겪게 되는 부모-자녀 갈등은 이전의 부모-자녀 문제 양상과 다르다. 자녀가 인지적으로 추상적 생각이 급격히 늘고 자아 기능도 함께 팽창되기 때문이다. 자아 기능이 떨어지는 사춘기 이전의 자녀는 부모에게 의존할 수밖에 없는 자신의 존재를 인정하면서 부모와의 갈등을 느끼더라도 드러내는 것을 어려워하는 경우가 많다. 갈등을 드러냈을 때 부모에게 거절되는 상황에 대한 두려움이 더 크기 때문에 자신이 원치 않아도 부모의 뜻대로 따르거나 자신의 판단보다 부모의 판단을 더 옳다고 여긴다.

하지만 자아 기능이 갑자기 커지는 사춘기가 되면 자신의 능력에 대한 과대평가와 동시에 성인 세계에 대한 지나친 과소평가가 이루어진다. 그리하여 자기가 하고자 하는 것에 매우 당당해지고 이를 주장하는데 거침없다. 부모가 보기에는 아이가 제대로 알지도 못하면서 신경질만 부린다고 느끼는 경우가 많은데, 바로 이러한 이유 때문이다.

사춘기 아이들은 더 이상 참지 않는다. 부모의 비논리를 반박하고, 무성의한 마음을 지적한다. 말도 세지고 행동도 거칠어진다. 그래서 부모가 위압감을 느낀다. 한마디로 아이에게 질 것 같은 마음이 든다. 그럴 때 부모로서 뭔가 능력이 없는 것 같아 몹시 자존심 상하고, 아이가 더 이상 내 말대로 내 맘대로 움직여주지 않을 것을 직감한다.

그런데 이 직감이 참 싫다. 그래서 저항하는 부모가 많다. 아이를 더 움켜잡으려 하고 더 강하게 싸운다. 반면에 아이는 잡으려 할수록 더 강해진다. 아이는 더 거세게 반항하면서 부모와 더 멀어진다. 그런 기나긴 싸움을 통해 부모는 아프지만 차츰 접어간다. 자녀가 내 뜻대로 되지 않음을 보고 하나씩 포기해간다. 내 방식으로는 더 이상 먹히지 않는다는 것을 알고 하는 수 없이 내려놓는다. 일종의 패배감 같은 감정이 부모를 낙담시키는데, 이렇게 되면 부모도 나몰라 식이 된다. 아이에게 네 인생은 네 것이니 스스로 알아서 살라며 부모는 방관자 위치로 가려 한다. 상처받은 부모의 몸부림이다. 자녀 또한 자신의 욕구를 이해해주지 못하는 부모로 인해 상처받는다.

　현명한 부모라면 사춘기 자녀를 대하는 태도를 바꿀 줄 안다. 아이들이 보이는 사춘기적 반항을 부모가 버릇없는 행동으로 받아들여 예전처럼 엄한 모습을 유지하면, 아이의 반항은 문제 행동으로 더 심화될 뿐이다. 하지만 사춘기 반항을 '아이가 자신을 통합해가는 변화의 한 과정'으로 받아들이고 부족한 부분을 채워가려는 모습으로 이해해주며 아이가 원하는 방향으로 맞추어준다면, 아이도 건강한 반항으로 끝낼 수 있다. 그리하여 사춘기가 마무리되는 시점에는 내적 동기가 잘 형성된 건강한 성인으로 준비될 것이다. 바로 이러한 이유에서 부모의 행동이 달라져야 하는 것이다.

　부모라는 이유만으로 자녀에게 막 대하는 부모들이 있다. 밖에서 다른 사람에게는 절대로 하지 않는 행동을 자녀에게 서슴없이 한다. 나 또한 내 아이에게 함부로 행동할 때마다 '내 아이를 남의 집 아이 다루듯이 대하면 얼마나 좋을까?'라고 생각해보곤 한다. '적어도 인격적 모독으로 인한 갈등들은 많이 줄 텐데'라며 후회를 한 적도 많다. 실제로 이는 부모가 자녀를 자신의 소유물이라고 여기며 함부로 하는 경우에 권하는 방법이기도 한다.

　하지만 내 자식은 결코 남의 자식이 될 수 없기에 아이에게 함부로 대하는 부모의 태도를 고치기란 쉽지 않다. '이러지 말아야지' 하면서도 부모 감정에 따라 함부로 하는 행동을 고치기 어려운 것이다. 그러나 좀처럼 바꾸지 못하는 막가는(?) 부모의 행동에도 브레이크가 걸리는 때가 있으니, 바로 자녀가 사춘기에 접어들었을 때이다. 이 시기의 자녀는 더 이상 부모의 말이나 행동을 참고 받아들이지만은 않기에 꿈쩍하지 않고 변화를 거부하던 부모의 말이나 행동에 제동이 걸린다.

아이가 더 이상 부모의 말에 움직여지지 않는다고 판단되면 부모는 빠르게 태도를 바꿔야 한다. 거세진 아이의 행동과 말을 귀담아들어야 한다. 그리고 예전 방식을 버리고 아이가 원하는 방식을 찾아야 한다.

자녀의 사춘기 반항을 억누르려고 하는 경우

만약 부모가 태도를 바꾸지 않으면 어떻게 될까? 태도가 가장 바뀌지 않는 부모의 유형은 독재형이다. 즉 부모의 권위에 도전하는 느낌이 들면 절대 참기 힘들다는 부모들은 사춘기 자녀와의 갈등이 매우 심하다.

자녀를 부모 자존심의 연장선으로 여기고 키워왔던 준현이(가명. 이하 사례의 인물은 모두 가명임을 밝힘) 부모. 아이가 초등학교 5학년 때 사춘기에 접어들면서 거친 행동과 말로 부모에게 반기를 드는 불순종의 모습이 견디기가 힘들었다고 한다. 버릇없는 아이가 될까 봐 오히려 예전보다 더 엄하게 해서 부모 말에 순종하도록 강요했다.

말을 듣지 않으면 엄마는 화를 내며 아이와 말을 하지 않고 지내거나, 아이를 본체만체해서 싸한 분위기를 조장하거나, 꼴도 보기 싫으니 차라리 집 밖으로 나가라는 등의 소리를 밥 먹듯이 했다. 이렇게 하면 준현이가 조금 움츠려들고 조용해지니 부모 말을 듣게 하고 싶은 마음에 일부러 더 그랬다고 한다.

그런데 중학교에 들어가면서 준현이의 거친 행동은 더 심해졌고, 부모의 강압적 방법도 잘 먹히지 않았다. 중3이 되면서는 아이의 반항적 말과 행동이 더 격해지더니 급기야 부모가 했던 행동을 똑같이 하기에 이르렀다. 밥만 먹고 자기 방으로 쏙 들어갔고, 몇 날 며칠을 말도 않고 지냈다. 한번은 말도 없이 친구 집에서 며칠을 보내다 오는 바람에 집이 발칵 뒤집혔다. 왜 가출했냐는 말에 엄마가 나가라고 하지 않았냐고 반박했다.

이제 곧 고등학생이 되는데 아직까지 정신 못 차리고 마구 행동하는 모습에 부모는 속이 탄다. 엄마는 자신이 그렇게 만들었나 뒤늦은 후회를 하지만, 아이가 부모 말을 듣지 않는 태도를 그냥 묵인하기가 정말 힘들다고 호소한다.

준현이는 시간이 갈수록 더 심화된 경우이다. 부모가 강압적 태도를 바꾸지 않으면 아이와의 힘겨루기는 더 길어진다. 준현이는 준현이대로 부모 속을 더 썩일 생각에 자신의 말과 행동에 대해 진지하게 생각해보지 않는다. 자신의 말과 행동에 무심한 태도를 보이는 것이다. 한편 엄마는 준현이를 위해 준비하고 생각했던 계획들이 무산되는 것을 견디기 힘들어 화가 난다. 그리고 어떻게든 준현이의 마음을 빨리 돌려 아이를 위한 계획들을 이루어가고 싶다.

독재형 부모들은 이렇게 자기의 관점과 생각이 확고해서 자녀의 관점을 수용하거나 자신의 생각을 바꾸는 것을 힘들어한다. 그러면 결국 둘 다 모두 패배자의 심경이 된다.

상담을 통해 준현이 부모에게는 먼저 부모가 자녀의 반항을 자꾸 버릇없는 행동으로만 보는 원인을 찾도록 도왔다. 알고 보니 준현이 부모는 모두 엄한 부모 밑에서 자랐는데, 그런 부모의 말에 잘 순종함으로써 성공했다고 여기고 있었다. 그래서 준현이가 부모 말을 듣지 않으면 실패할 거라는 두려움이 컸다.

하지만 준현이는 엄한 부모에게서 사랑받고 싶어 했다. 부모에게 준현이가 그동안 얼마나 애를 쓰며 살아왔는지를 이해시켰고, 지금 보이는 행동들은 부모 때문에 해보지 못한 것을 하려는 어릴 적 욕구임을 이해시켰다. 그것을 수용하지 않고는 아이가 반항을 멈출 수 없고, 더 나아가 성장할 수 없음을 알려 드렸다.

부모에게 강압적 태도가 아닌 준현이의 눈높이를 맞추는 시간을 지속적으로 갖게 했다. 그랬더니 준현이도 점차 반항의 강도가 약해지고 있다. 부모도 말을 듣지 않는 준현이가 여전히 못마땅하지만 예전처럼 막 화가 나진 않는다고 한다. 그래서 좀 못 본 척하고 지낼 수 있게 되어 서로 부딪히는 횟수가 줄어들고 있다. 이렇게 부모와 자녀는 새로운 제2의 관계를 위해 서로 맞추는 연습 중이다.

사춘기 시기의 문제를 회피해버린 경우

대학생 지석이는 외모 문제로 부모에게 온갖 신경질을 낸다. 부모가 자신을 이렇게 만들었다고 화를 내며 대학 생활 자체를 거부하고 은둔형이 되어버린 지석이는 부모의 손에 이끌려 상담소를 찾아왔다. 지석이 부모는 원래 까다로운 아들 때문에 어릴 때부터 갈등이 많았단다.

아이가 자라면서 갈등이 더욱 심해지자 차라리 서로 떨어져 지내는 편이 속 편하겠다 싶어 아들을 중학교 초반에 일찌감치 유학 보냈다. 지석이는 제법 유학 생활에 잘 적응했고, 방학 때마다 부모와 지내는 시간에도 너무나 의젓하게 행동해서 모든 가족이 유학에 대해 매우 긍정적이며 만족스러워했다.

그런데 문제는 지석이가 한국으로 돌아와 대학에 들어가면서부터 시작되었다. 지석이는 자신이 원하는 대학을 가지 못했다. 학교에 대한 불만이 점점 커지더니 한 학기 다니고 나서는 학교 다니기를 거부하여 휴학 중이란다. 그런데 시간이 지날수록 지석이의 어릴 적 거친 행동이 늘었고, 가족 간에 갈등이 다시 생기기 시작했다. 그렇지만 지석이는 바깥 친구들과의 관계나 외부 활동은 매우 멀쩡하게 한단다. 단지 식구들에게만 온갖 화를 내고 학교 가기를 거부하니, 지석이 부모는 어떻게 관계를 회복하고 다시 학교에 보낼 수 있을지 고민이다.

지석이의 경우 사춘기 때의 갈등 문제를 충분히 해결하지 못한 채 부모와 떨어져 지내면서 그 문제가 잠재적으로 남아 있었다고 볼 수 있다. 그래서 다시 가족과 생활하게 되자 마음속 깊이 깔려 있던 가족에 대한 원망과 갈등이 올라오기 시작한 경우이다. 물론 계기가 있긴 하다. 외부적으로 스트레스를 받는 상황이 많아지고 대학 생활을 잘 해낼 수 있을지에 대한 불안감이 급증했다. 지석이는 이를 모두 부모 탓으로 돌리고 인생을 비관하는 마음이 생기면서 우울 양상이 나타난 것이다. 이는 급작스런 스트레스를 잘 다스리지 못하면서 예전의 문제들이 같이 나타나기 시작하는 경우로 볼 수 있다. 정신적으로 건강하지 못할 때 현재의 문제가 과거의 문제와 연결되어 더 복잡해지는 것이다.

우선 부모에게 지석이를 무조건 대학생인 맏아들의 모습으로만 기대하지 말라고 부탁했다. 지석이 마음에 있는 옛 감정의 상처를 이해해주고 서로가 해결하는 시간을 갖도록 도와주었다. 그리고 현재 받는 스트레스가 지석이에게 얼마나 고통스러운지를 함께 이해해주도록 격려하였다. 부모와 관계가 좋지 못한 채 떠난 유학 생활이 그렇게 원만하지는 않았음을 이해시켜 드렸다.

부모는 아들과의 관계 회복을 위해 사춘기 시절에 적극적으로 노력하지 않았던 점을 후회하였다. 그리고 처음으로 아들이 유학 생활 중 겪었을 고통을 이해하는 시간을 가졌다. 부모를 괴롭히며 힘들게만 한 자식으로 보는 게 아니라, 부모 곁을 떠나 낯선 땅에서 혼자 견디며 애쓴 아이로 느끼자 하염없이 눈물을 흘리기도 했다.

그 다음으로 대학 복학의 시기를 지석이가 결정하도록 권유하였다. 사실 지석이 부모는 복학 문제를 아들에게 맡겼다가 더 안 좋은 상황이 만들어지지 않을지 염려하여 무조건 빨리 보내고 싶은 마음뿐이었다. 이러한 표면적인 이유 내면에는 지금 아들과 함께 살면서 겪는 고통에서 벗어나고자 하는 깊은 감정이 있었다. 이는 예전에 처음 유학을 보낼 때의 마음과 동일하다. 이러한 마음을 아들이 모를 리 없다. 그렇기 때문에 부모가 아이에게 학교에 갈 것을 권할수록 아이는 반발심에 더 거부하는 것이다. 아이의 이러한 심적 상태를 이해하고 복학 결정권을 아이에게 넘겨주라고 부모를 잘 설득하였다. 그 결과 다행히도 지석이는 친구들에게 다시 대학에 갈 것을 알렸다고 한다.

준현이와 지석이의 사례를 통해 사춘기 자녀가 보이는 부모나 성인의 권위에 대한 저항을 적절히 수용하지 못하면 어떻게 되는지를 예측할 수 있다. 부모들은 아이의 사춘기가 순조롭게 지나가길 바라겠지만, 사람의 인생에서 보이는 갈등과 충돌의 시기를 억지로 막으면서 넘어가면 결국 나중에 더 큰 문제로 터지는 경우가 많다. 그래서 '사춘기도 남들 할 때 같이 하고 지나는 것이 낫다'는 말도 있다.

아이가 발달 단계에 따라 잘 발달하는 것이 가장 중요하다고 본다. 그리고 그러한 발달 시기가 또래와 비슷한 경우 함께 공유할 친구가 많기 때문에 아이에게도 힘이 된다. 아이들끼리 서로 공감하거나 쉽게 이해해주거나 위로를 받을 동료가 있다는 것은 사춘기를 넘어갈 때 큰 힘이 된다. 물론 아이들마다 갈등의 양상도 다르고, 그런 갈등이 표출되는 시기도 다를 것이다. 아이마다 다른 발달 시기를 억지로 또래 아이와 맞출 필요는 없다.

친구들과 함께 사춘기를 잘 보내게 하려면 어떻게 해야 할까? 가장 중요한 것은 부모가 자녀의 발달 모습을 따라가주는 것이다. 즉 발달상 표출될 수 있는 긴장감, 불안, 불편함을 아이가 거부감 없이 표출하도록 지지해주는 것이 기본 전제이다. 이런 전제 없이 아이들이 자신의 갈등을 편하게 표출하긴 힘들며, 그렇게 억눌려 있던 감정이 어느 시기에 폭발되어 나타난다면 부모는 전혀 도울 길이 없다. 게다가 이런 감정이 부모를 향한 강한 분노로 바뀐다면 이를 감당해야 하는 어려움까지 생긴다. 준현이도 결국 이런 길을 걷고 있는 것이다.

사춘기 시절의 갈등이 제대로 해결되지 않으면 그 문제가 대학생이 되어서 나타날 수도 있다. 혹은 그 이후의 성인기에서도 계속 문제로 남아 부모-자녀 관계에 문제를 만들 수도 있다. 그래서 사춘기 때 문제가 드러나는 게 어찌 보면 더 감사한 일이다. 자연스러운 발달 과정에서 나만 겪는 일이 아니라 내 아이와 비슷한 또래의 부모와 함께 공유하며 위로할 수 있으니 말이다. 그리고 그 안에서 대처하는 방법과 지혜를 나눌 수도 있다.

부모도 혼자 일어서는 연습을 하자

마음의 상처는 또 다른 깨달음을 준다. 내 아이의 변하는 모습을 보면서 사춘기 자녀와 어떻게 지내는 것이 좋을지를 더 깊이 고민하게 된다. 사춘기 자녀의 반항이 달가울 순 없지만 없어서도 안 되는 과정이니만큼 받아주어야 한다는 마음으로 다시 내 마음을 다잡기도 한다. 하지만 부모도 사람인지라 내 아이가 자꾸 감정적으로 힘들게 하면 같이 소리를 지르며 아쉬운 이야기를 쏟아내곤 한다.

내가 이렇게 말하면 전문 상담가도 아이를 그렇게 대하냐고 묻는다. 하지만 나도 내 자녀 앞에서는 부모일 뿐이다. 나도 화가 나면 아이에게 화를 낸다. 중요한 사실은 서로가 화를 자유롭게 표현할 자유가 있음을 아는 것이다. 그리고 불편한 감정을 표현하면서 상대의 인격을 건드리는 말이나 행동을 최소화하려고 노력하는 것이다. 그러면서 내 아이가 나의 어떤 모습에 화가 나는지, 나는 엄마로서 아이에게 어떤 기대가 있고 왜 이렇게 간섭을 할 수밖에 없는지를 계속 논쟁하며 생각을 나눈다.

신기한 점은 사춘기 자녀라고 해서 부모에게 늘 쌩한 모습만 보여주는 것은 아니라는 것이다. 가끔씩 부드러운 햇살의 모습도 보여준다. 아이의 양면적 모습에 변덕이 죽 끓 듯하다고 하지만, 그래도 가끔 보여주는 부드러운 햇살이 정말 사랑스럽기에 찬바람 부는 아이의 행동을 견딜 수 있는 듯싶다. 바로 이 힘이 아이 곁에서 부모로서 변함없는 모습으로 있으려는 노력을 하게 도와준다.

이것이 나의 사춘기 자녀와 지내는 방법이다. 사춘기 아이가 쌀쌀맞게 행동하는 것은 잘 성장하고 있다는 신호이다. 사춘기 아이의 반항을 자연스러운 현상으로 이해하고, 이를 쿨하게 받아들이기 위해 부모의 마음을 다스리는 방법이 필요할 뿐이다.

독립하려는 아이에게 마음이 가는 것은 아이의 문제가 아니라 부모의 문제이다. 부모인 내게 있는 허전함, 외로움은 아이가 주는 것이 아니다. 부모 자신이 원래 갖고 있던 문제가 아이에게 집착되어 나타나다가 그 대상이 사라지면서 다시 드러나는 것뿐이다. 그 문제를 해결하기 위해서는 아이를 붙잡는 것이 아니라 내가 나를 다스릴 방법을 찾아야 한다. 이 시기에 부모에게 나타나는 가장 큰 특징은 부부의 관계가 다시 정비된다는 점이다. 자녀를 떠나 둘이 남겨지는 연습을 해야 하고, 자신만의 영역을 준비해야 한다. 자녀가 사춘기 반항을 보일 때 부모 자신도 혼자 일어서는 연습을 다시 한다.

그렇다고 자녀를 방관자처럼 대해서는 안 된다. 부모로서 해야 할 보살핌, 관심, 사랑은 멈추지 않아야 한다. 다만 부모가 원하는 방식이 아니라 자녀가 원하는 방식으로 하는 것이 중요하다. 그래야만 자녀가 부모를 자신의 안전지대(安全地帶)로 여긴다.

사춘기 자녀와의 관계를 돈독하게 하는 방법으로 여행을 적극 추천하고 싶다. 아무리 반항기 많은 사춘기 아이라도 스트레스 없고 편안한 환경에서는 마음이 쉽게 이완되므로 즐거운 감정을 나눌 수 있는 기회가 많아진다. 아이와의 긴 여행 중 집에서 늘 보이던 아이의 문제 행동이 하나도 보이지 않아 참 놀라운 경험이었다고 고백한 엄마가 있다. 아이는 여행 후 집에서 다시 예전의 행동을 보이지만, 그래도 참아낼 수 있는 마음이 엄마에게 생겼단다. 여행을 통해 자녀와 더 가까워진 느낌 때문이란다. 여행은 서로 마음을 확인하는 기회를 주며, 또다시 불 찬바람을 넉넉한 마음으로 받아들이고 기다려주는 넓은 마음의 부모가 되게 도울 것이다.

작가 박완서 씨는 "가장 돈을 아깝지 않게 쓰는 방법 중 하나가 여행인 것 같다"라고 말했다. 자녀와의 여행 또한 돈으로 바꿀 수 없을 만큼 귀한 가치가 있다. 공부 때문에 여행을 갈 수 없다고 말하는 부모도 있다. 하지만 아이와 함께할 시간도 몇 년 남지 않았다. 자녀와 정을 나누고 자녀가 성장하면서 겪는 고충을 어루만져주면서 함께 동행할 수 있는 시간이 얼마 남지 않았다는 의미이다. 먼 곳이 아니더라도 자녀에게 집중하는 시간을 여행지에서 가져보자.

난 오늘도 내 아이에게 말한다. "엄마에게 좀 살갑게 굴 수 없니?" 하고. 멀어져가는 사춘기 내 아이를 향한 마음을 이렇게라도 표현해본다.
짝사랑처럼……. 그러면서 나를 다독인다. 내 아이가 잘 자라고 있다
고, 내 역할은 여기까지며 잘하고 있다고…….

아이가 미운 건 사실은 자신 때문이다

이쁜 자식, 미운 자식

옛말에 "열 손가락 깨물어 안 아픈 손가락 없다"고 한다. 자식에 대한 사랑은 공평함을 알리려는 부모의 마음일 게다. 하지만 이는 신화와 같은 믿음일 뿐, 부모에게 좀 더 예쁜 자식은 어쩔 수 없이 존재하기 마련이다. 실제로 부모-자녀의 애정적 관계는 관계 형성이 어떻게 되느냐에 따라 더 아픈 손가락이 있을 수밖에 없다.

부모가 자녀와 어떻게 관계를 만드는가에 따라 특정 자녀가 더 사랑스러울 수도 있고, 그렇지 않을 수도 있다. 그것이 부모의 요인이든 자녀의 요인이든 이 둘의 관계가 성공적이면 예쁜 자식이 되고, 관계가 나쁘면 미운 자식이 된다. 어릴 적부터 관계가 어려웠던 자녀가 사춘기에 이르러 부모 마음에서 더욱 멀어지는 경우가 있다. 그동안 내재적으로 쌓여 왔던 갈등들이 드러나면서 자녀의 행동 강도가 세지고 부모의 심기를 건드리는 수위가 자꾸 높아지면 부모도 자식이 불편해진다.

엄마와 똑 닮아 미운 승현이

그렇다면 어떤 자식이 유독 부모 마음에 더 힘든 자녀가 되는 것일까? 상담하는 부모들 중에는 자식이지만 미운 마음이 드는 것을 비교적 솔직하게 잘 드러내주는 경우가 많다. 부모가 자녀를 미워하는 이유도 참 다양하다.

승현이는 모든 사람이 부러워할 정도의 미모를 가진 중학교 2학년 여자아이이다. 사춘기가 되면서 외모에 관심이 더욱 많아지고 공부는 점점 뒷전이더니 초등학교 때 상위권이던 성적이 중하위권으로 떨어지고 말았다. 오로지 외모 꾸미기에만 관심이 많은 승현이는 중학교 입학한 지 얼마 되지 않아 치마를 아주 짧게 줄여서 엄마랑 한바탕 난리를 치렀다. 화장품도 새롭게 나오는 족족 다 사야 하고 비비크림 정도는 기본으로 하고 다니며, 서클렌즈도 끼도 다닌다.

학생이 그러면 안 된다는 승현이 엄마의 말은 거의 무시된다. 처음에는 아이가 듣는가 싶더니 가방에 몰래 파우치를 갖고 다니면서 화장을 하고, 옷도 따로 가져가서 갈아입는다는 것을 알게 되면서 손발 다 든 상태다.

승현이 엄마는 자신이 학창 시절 외모에 신경 쓰며 노느라 공부하지 않아서 진정 원하는 삶을 살지 못했다고 후회하며 공부에 한이 많은 사람이었다. 회사에서 일하는 동안 사회적 차별을 뼈저리게 경험하면서 이렇게 무시당하는 것도 다 자신의 학력이 부족하기 때문이라는 생각이 많이 들었다. 그런데 딸이 자신과 똑같은 길을 가는 것 같아 견딜 수 없다. 그래서 승현이가 외모에 신경을 쓰면 쓸수록 엄마는 왜 안 좋은지 설교하는 시간이 더 길어지고 심하게 화를 내곤 했다.

하지만 엄마의 마음을 전혀 모르는 승현이에게는 이 모두가 엄마의 간섭이자 잔소리로만 들리고, 그렇다 보니 평행선의 싸움이 잦았다. 중학교 한 학기가 지나면서 학교에서도 승현이 엄마를 부르는 일이 자주 생겼다. 승현이는 머리와 복장 문제로 생활부에 걸리는 일이 비일비재했고, 멋을 내다 보니 잘 노는 아이들이 자꾸 접촉해와 무리 지어 다녔다. 결국은 밤에 클럽에 놀러 갔다가 걸리고 말았다. 그리하여 학교에서 훈방 조치로 상담을 받고 오라고 해서 이렇게 상담실을 찾게 되었다.

자신을 사회의 실패자로 여기면서 자식만큼은 나와 달라야 한다는 생각에 사로잡혀 있는 승현이 엄마. 자식이 자신과 비슷하다고 느껴질수록 실패자가 될 것만 같은 생각이 들어 불안해진다. 이러한 불안감이 쌓이다가 더 이상 견디기 힘들면 승현이에게 화를 폭발하고 만다.

이는 부모 자신이 이루지 못한 것을 자녀가 이루길 바라는 마음 때문에 생기는 현상으로 '자아 관여(ego involvement)'의 모습이다. 즉 부모가 자신의 삶에서 부정적인 면을 스스로 해결할 수 없다고 판단하였을 때 자식이 대신 부모의 꿈을 이루어주길 바라는 것과 같다. 부모가 자신의 자아를 자녀에게 부여하기 때문에 자녀는 부모의 또 다른 모습이 된다. 그래서 승현이 엄마는 딸이 자신의 후회되는 삶을 되밟는 것을 수용하기 힘들다. 승현이의 일탈 행동이 점점 심해지는 이유는 엄마가 자신을 인정해주지 않고 강압적으로 통제하려 하기 때문이다.

엄마와 달라 미운 석중이

이와는 아주 다른 이유로 자식에 대해 미운 감정을 갖는 부모도 있다. 자식이 부모 자신과 너무 달라서 오는 불안감이다. 엄마들이 갖고 있는 성향 중에는 순종, 계획성, 주도성 등의 모습이 많다. 이런 모습으로 집안 살림을 책임지는 엄마는 자신과는 정반대의 성향을 보이는 아들과 부딪힐 수밖에 없다. 아들의 반항이 견디기 힘들고, 방을 정리하지 못하고 지저분하게 어질러놓거나 늘 덤벙거리며 자기 신변 처리도 제대로 하지 못하는 모습들이 여간 탐탁지 않다.

사춘기가 되면 이런 모습들로 인한 갈등이 더 많아진다. 특히 중학생이 되면 학교 성적과 관련해서 모든 생활 태도가 수행평가에 반영되니 엄마들이 더욱 민감해진다. 아들의 모습을 이해할 수 없고 마음으로 받아들여지지 않는다. 아무리 말로 해도 고쳐지지 않는 행동 때문에 엄마가 정말 힘들다는 말을 많이 한다.

석중이 엄마는 도무지 자신을 하나도 닮지 않은 아들을 어떻게 견뎌야 할지 모르겠다고 하소연한다. 몸도 왜소한 아들이 중학생이 되었지만 밥도 먹으라고 해야 먹고, 준비물은 만날 안 챙겨 가서 엄마에게 가져다 달라고 전화를 해댄다. 게다가 수행평가와 관련된 것들은 거의 빼먹고 지내는 게 태반이다. 석중이 엄마는 아들의 중학교 첫 성적표를 받고서 앓아누웠다. 수행 점수가 거의 50퍼센트나 깎였고, 서술형 문제에서도 점수를 거의 못 받았기 때문이다.

"공부를 안 하니 성적이 좋을 리가 없겠죠. 하지만 준비물이랑 숙제만 잘 챙겨도 점수를 깎이지 않을 텐데 어쩌면 그것 하나 제대로 못 챙기나 싶어 속이 타요. 알아서 미리 챙겨주고 싶어도 말하지 않으니 도와줄 수도 없어요. 이렇게 결과를 보고야 안다니까요."

시험에서 서술형도 자신은 다 맞게 썼다고 하는데 결과를 보면 매번 엉망이다. 집에 와서 손 좀 씻고 먹으라는 말도 아직까지 달고 사는 게 너무 한심스럽다. 하나부터 열까지 손이 가야 하는 석중이가 언제 철들어 스스로 해낼까 싶어 답답하다. 하나밖에 없는 아들이라 어떻게든 야무지게 키우고 싶었다. 하지만 아이는 자기 것에 대한 개념도 없고 앞으로 되고 싶은 것도 별로 없으며 게임기나 스마트폰만 끼고 있으니 아들이 한심스러워 꼴도 보기 싫다.

여기에 엄마를 더 힘들게 하는 큰 문제는 아이가 늘 자기 할 일을 제대로 못하면서 게임에는 미친 듯이 집착한다는 점이다.

"이러다 게임 중독자가 되어 폐인이 될까 봐 불안해요. 그런 사람을 늘 한심스럽게 여겼는데 바로 내 아들이 그럴 줄 어떻게 알았겠어요."

그래서 게임을 하려는 석중이와 컴퓨터를 제한하려는 부모는 늘 전쟁이다. 비밀번호를 걸어놓기도 하고, 선을 숨기기도 하고, 거실에 컴퓨터를 놓기도 해보았지만 다 소용이 없었다.

"아예 게임하는 시간을 정해서 하자고도 해봤어요. 그런데 한번 시작하면 멈추지 않으려 해요. 약속을 어겼다고 화가 난 아빠가 컴퓨터 키

보드를 부순 적도 있어요. 이렇게까지 화를 내어도 여전히 게임에만 관심을 보이고, 집에서 막으니 이제 PC방에 가서 몰래 하고 와요."

컴퓨터 게임 외에는 다른 건 관심도 없으니 앞으로 정말 뭐가 될지 한심스러워 노숙자나 걸인밖에 더 되겠느냐고 비아냥거리기도 하고, 아이에게 욕을 한 적도 많다고 한다.

석중이 엄마는 어려운 가정에서 다른 형제들이 부모님의 속을 썩이는 것을 보며 자기는 그러지 않으리라 마음먹었다. 그래서 자기 일은 혼자 해결하고 독하게 공부해서 대학을 갔으며, 회사에서도 인정받으며 지금까지 일하고 있다. 그렇게 독립적이면서 책임감이 강한 엄마는 누구에게 피해를 주거나 자기 일을 스스로 잘 해내지 않는 것을 상상도 못하겠단다. 아무 개념 없이 사는 아들이 그야말로 배가 불러 하는 짓거리로만 보인다. 자신과 전혀 다른 기질의 아들을 이해하는 것이 엄마에게 몹시 힘든 과정이다.

석중이 부모처럼 자신과 다른 유형의 자녀를 보면서 불안해하는 부모들이 있다. 이들은 자신과 다른 삶의 방식을 수용하는 게 힘들다. 이런 부모들은 자신의 삶이 정답이고 그 외의 방식은 실패로 본다. 부모 자신이 옳다고 생각한 방식이 아닌 모습을 자녀가 원할 때, 자녀의 삶이 잘못되지 않을까 싶은 두려움에 사로잡힌다. 그래서 자녀가 원하는 것을 허락하기보다는 부모의 방식을 고집하고, 어떻게든 부모의 말에 따르도록 강요한다.

어느 부모가 자녀가 잘못되기를 바랄까

　이런 부모들은 자신만의 기준이 확고하다. 그리고 그 기준이 일반적이라고 여긴다. 그 기준에 미치지 못하면 실패한다는 강박적 생각 때문에 몹시 불안해한다. 그래서 자녀에게 모진 말을 하거나 심한 경우 신체적 구타를 통해 자신의 뜻을 관철시키고자 한다. 그렇게라도 해서 부모의 기준에 따라와야 안심이 되기 때문이다. 다른 가능성을 생각하는 것이 힘들다.

　이런 부모 또한 자아 관여의 모습이다. 부모가 생각하는 자랑스러운 모습이 아니면 자녀가 원하는 것을 좀처럼 인정해주지 않는다. 그래서 이런 자녀의 경우 부모가 자부심을 느끼는 활동이나 생활을 하면서 부모에게 만족감을 주는 대리적 인생을 살아간다. 그러지 않고 아이가 계속 자기 것을 주장한다면, 강압적으로 부모의 방식을 요구하는 부모와 마찰이 심해져서 서로 원수지간이 되기도 한다.

　어느 부모가 자식이 잘못되길 바랄까? 승현이나 석중이의 엄마가 자식이 미워진 이유도 더 잘되게 하고 싶은 마음을 아이가 몰라주기 때문이다. 먼저 세상을 살아본 사람으로서 자신이 겪은 불행이나 고난을 아이는 경험하지 않길 바란다. 아이가 좀 더 편하고 옳은 길을 가도록 이끌어주고 그렇게 살도록 돕고 싶다. 그런데 아이들이 그 마음을 몰라준다. 왜 그렇게 살아야 하는지 이해하려 하기보다 자기 방식을 요구한다.

　특히 사춘기에 이르러 자아에 대한 강한 의식이 생기면서 말이 되건 안 되건 자기 요구와 고민이 많아진다. 승현이처럼 외모를 가꾸는 것으로 할 수도 있고, 석중이처럼 게임을 하고 싶어 할 수 있다. 그들에게 외모나 게임은 친구들에게 자랑할 수 있는 '자기(self)'가 된다. 그래서 그런 욕구를 인정해주지 않으면 자기가 없어진다고 여겨져 심하게 반항하고 일탈하는 행동까지 한다. 학교생활에는 소홀하게 되고 자신의 욕구에만 탐닉하면서 클럽 출입이나 게임 중독 양상까지 보이는 것이다.

다행히 사춘기 아이들의 이런 모습은 아직 초기 단계이다. 승현이도 언니들을 따라가지 않을 수 없어 억지로 클럽에 간 것이었고, 석중이도 스스로 알아서 학교 활동을 잘 챙기지는 못하지만 학교를 안 가겠다고는 하지 않는다. 또한 컴퓨터도 다시 집에서 할 수 있다면 굳이 PC방을 갈 필요는 없다고 했다. 일탈의 초기 단계에서 부모가 빨리 개입하여 도와주지 않는다면 학교생활을 제대로 하지 못하게 되고, 자기 욕구에 집착하는 모습은 더 심해져 학업과는 담을 쌓을 수밖에 없다.

부모의 간섭을 줄이려면

부모는 자녀의 생활이나 활동에서 '이렇게 도와주면 훨씬 좋아질 거다'라고 맹신해서는 안 된다. 또한 '이런 행동을 해서는 절대 안 된다'는 강박적 생각에서 조금은 자유로워지려고 노력해야 한다. 부모인 내가 생각하는 것이 옳다고 보기에 강압적으로라도 하게 하고 싶은 강력한 충동과 잘 싸워 이겨야 한다. '부모가 조금만 더 도와주면 훨씬 나아질 게 뻔한 상황'에서 개입하려는 충동도 참아내야 한다. '부모가 훨씬 더 좋은 방법을 갖고 있고 그것이 옳다고 여겨지는 상황'에서도 자녀가 원치 않는다면 부모의 방법을 강요하지 않으려고 무던히 참아야 할 것이다.

자녀가 원하는 방식이 돌아가고 힘들게 가는 길이어도 자녀가 그렇게 하고 싶다면 그 방법을 허용하는 게 좋다. 사람에게는 책으로 배우는 지식보다 삶의 경험에서 터득하는 지혜가 더 도움이 되기 때문이다. 그 지혜는 자신이 직접 체득해서 얻어지는 깨달음이다. 진짜 내 것은 자신의 행동, 인지, 감정 전 과정의 경험을 통해 얻어진다.

게임에만 빠져 있고 늘 꼴찌였던 학생이 대학을 우수한 성적으로 간 경우가 있다. 이 학생이 그렇게 뒷심을 발휘할 수 있었던 가장 큰 이유는 부모가 게임에 빠진 자신에 대해 한 번도 비판하지 않았고 쓸모없는 인간이 될 거라는 느낌을 주지 않았기 때문이라고 한다.

"부모님은 제가 게임에 빠져 있어도 언젠가는 자신이 원하는 것을 잘 찾아 할 거라는 믿음을 끊임없이 주셨어요."

이 학생은 고등학교에 들어가서 뒤늦게 공부에 흥미가 생겼다고 한다. 그때부터는 부족한 공부를 메우기 위해 화장실 가는 시간까지 쪼개어 공부를 했다. 자신이 게임에 실컷 빠질 수 있도록 허락해주신 부모님이 정말 고맙게 여겨졌고, 늘 자신을 믿어주셨기에 힘든 순간에 해내고자 하는 의지가 더 커졌다고 한다.

<h3 style="text-align:center">부모의 내면 욕구 살피기</h3>

자녀가 이유 없이 미운 부모는 먼저 자신의 내면을 살펴야 한다. 부모와 똑같은 모습이 예쁘게 느껴질 수도 있고 달라서 더 신기할 수도

있다. 그런데 이와는 정반대로만 생각되는 이유는 부모 개인의 불만족이나 건강하지 못한 생각, 해결되지 못한 정서나 감정이 있기 때문이다. 그만큼 부모 개인의 삶의 과정에 상처가 크다는 것이다.

이와 같은 부모들의 경우 견딜 수 없는 화와 폭발적 분노가 자꾸 반복된다. 이후에는 '내가 왜 또 그렇게 화를 냈을까?'에 대한 자책이 심해진다. 이러면 사춘기 자녀와의 갈등에서 싸우는 내내 해결도 제대로 하지 못한 채 기운만 빠지는 느낌에 심신이 고달프기만 하다. 이런 힘겨운 싸움을 자꾸 반복하지 않기 위해서는 다음과 같은 방법을 제안한다.

(1) 부모 개인의 삶 중 후회되는 일을 기억해서 적어본다.

(2) 내 안의 부정적 느낌을 있는 그대로 표현해본다.

(3) 이런 느낌 속에 숨어 있는 나의 욕구를 알아본다.

(4) 충족되지 못한 나의 욕구와 느낌을 연결해서 생각해본다.

(5) 그렇게밖에 행동할 수 없었던 과거의 자신을 용서한다.

(6) 새로운 욕구를 찾아 나 자신에게 다시 약속한다.

이런 6가지 과정을 통해 자신을 되돌아보면 반복적으로 나타나던 화도 줄어들고, 이유 없이 아이가 밉다고 느껴지던 감정도 이해되면서 감소될 것이다.

자녀는 부모의 거울이다. 자녀에게 대하는 부모인 나의 언행과 마음은 고스란히 내 내면의 문제가 자녀에게 투영된 모습이다. 이렇게 자녀에 대한 마음을 통해 부모는 또 자신을 깨달아간다. 부모 자신에 대한 이해의 깊이를 더 넓혀간다. 그래서 자녀를 키우며 부모가 성장한다는 것일까.

사춘기가 지나가기만 손 놓고 기다리는가

드러나야 보게 되는 문제들

상담실을 찾아온 부모들과 인터뷰를 해보면, 아이에게 문제가 있다는 것을 부모 자신이 직감하는 순간들이 있었다. 하지만 시간이 없다, 살림살이도 빠듯하다, 이 정도는 괜찮겠지, 저절로 나아지겠지 등의 생각에 차일피일 미루거나 지나친 낙관론으로 아이의 문제를 방치하고만 경우가 많다. 이런 모습을 볼 때마다 좀 더 일찍 상담을 왔더라면 얼마나 좋았을까 하는 마음에 안타깝기 그지없다.

아이의 문제를 차일피일 미루거나 심지어 아예 유학을 보내버려서 회피하는 부모도 있다. 하지만 드러나지 않고 조용하게 숨겨져 있는 문제는 곪다가 시간이 흘러 초등학교 고학년이나 중고등학생 때 뜻하지 않게 갑자기 터지곤 한다. 이때는 강도도 세고 걷잡을 수 없는 행동으로 나타나 부모나 교사 모두 어쩔 줄 모르게 된다. 좀 더 빨리 아이가 보내는 신호를 알아챘으면 수월하게 10대를 넘길 수 있었을 텐데…….

연주가 바로 그런 경우이다.

상담실로 급하게 전화가 왔다.

"선생님 저희 아이가 오늘 학교에서 친구들과 문제가 있었나 봐요. 오늘이라도 상담을 받을 수 있을까요?" 하면서 연주 엄마는 급하게 상담을 원했다. 다행히 마지막 시간이 비어 있어 늦게라도 오시라고 했더니 연주 엄마는 한걸음에 달려오셨다.

침울한 표정의 연주 엄마는 마음을 진정시키기 위해 연신 물을 마시며 이야기하셨다.

"중학교 2학년인 연주가 친구들을 이간질시키다가 발각되어 울며불며 학교에 안 가겠다고 하네요. 학교에 안 가겠다고 한 일이 이번이 처음은 아니에요. 전에도 이런 일이 있었는데 계속 반복되는 것 같아 오늘은 안 되겠다 싶은 마음에 아이를 데리고 왔어요."

"학교에 가지 않겠다는 이유가 뭐죠?"

"연주가 친구 A에 대한 험담을 친구 B와 문자로 주고받았는데, A가 우연히 B의 휴대전화를 보다가 자기에 대해 엉터리 소문을 낸다고 연주에게 화를 내면서 따졌다고 하네요. 연주는 A에게 미안하다고 사과했지만 A는 받아주지 않고 있고요. 이게 지난달 일이에요. 그런데 여전히 친구들과의 문제를 해결하지 못해 힘들어하고, 결국 학교에 가지 않겠다며 저를 힘들게 해서 못 견디겠어요."

"학교에 갔다 오면 연주가 주로 어떤 모습을 보이나요?"

"반 친구들이 모두 자기를 향해 뭐라 숙덕거린다며 학교 가기 싫다고 매일 짜증내죠. 처음엔 아이도 속상하겠다 싶어 이해하고 받아주려 했어요. 하지만 연주가 집에서 하는 행동이 점점 거칠어지고, 뭔가 마음에 안 드는 일이 생기면 발을 동동 구르며 소리치는 모습도 심해지고 있어요. 친구 때문에 속상해서 저러나 보다 싶어 동생도 아빠도 받아주려고는 하는데 점점 한계를 느껴요. 엄마인 저도 연주만 보면 이젠 편두통이 생길 지경이에요. 동생이랑 제가 함께 있는 것만 봐도 화를 내니 동생도 안된 상황이에요. 언니 눈치가 보여 엄마에게 가까이 오지도 못한다니까요. 이러다가는 엄마인 제가 더 미칠 것 같아 이렇게 데리고 왔어요."

아이의 신호를 무시하는 부모들

여기까지의 대화는 어디까지나 연주의 겉으로 드러난 문제였다. 상담을 계속하면서 연주의 진짜 문제가 보이기 시작했다. 밖으로 드러나는 행동이나 관계 문제 뒤에는 반드시 숨겨진 내면의 문제가 있다.

연주 엄마가 상담실을 찾은 이유는 아이의 친구 문제로 인한 학교 거부 때문이지만, 또 하나의 이유가 있었다. 연주의 감정이나 행동 강도가 엄마가 견디기 힘들 만큼 심해졌다는 점이다. 부모가 아이들의 문제를 대수롭지 않게 여기고 외면하는 것은 그 문제의 심각성을 잘 모르기 때문이기도 하지만, 그것으로 인해 크게 힘들지 않기 때문이다. 부모가 문제를 직시하는 내적 힘이 적기 때문에 나타나는 회피이다. 문제를 문제로 보고 해결하려는 자세는 심신이 매우 건강할 때 나타나는 모습이다. 심적인 문제가 있을수록 방어가 많다. 그럴듯한 이유로 그 문제를 피하는데, 연주 엄마의 경우도 마찬가지였다.

연주의 발달 과정을 들어보니 엄마가 문제를 모르고 있었던 게 아니었다. 연주가 4살 될 때까지는 엄마가 일하느라 아이를 일찍 어린이집에 맡겼다. 이후 동생이 생겨서 엄마가 집에 있게 되면서부터는 연주에게 온갖 정성을 다했으나 연주는 참 까다로운 아이였다. 엄마가 연주에게 문제가 있다고 느끼기 시작한 것은 친구와 사귈 때부터였다. 연주는 유아 때부터 친구를 여럿이 사귀지 못하고 꼭 단둘이 지내려 했고, 그 친구가 다른 친구랑 놀려고 하면 못 놀게 해서 친구가 힘들어했단다. 초등학교 때도 학기 초에는 여럿이 다니는 거 같은데 결국엔 아이 혼자되는 경우가 많았다. 그때는 아이가 친구 때문에 속상해하는 말을 대수롭지 않게 여겼고, 시간이 지나면 노는 법도 배우겠지 싶었다. 엄마에게도 짜증을 많이 내지 않았기에 아이가 그럭저럭 잘 지내는 걸로 여겼다.

그런데 연주는 중학교 가서도 여전히 같은 문제를 보였다. 전과 다른 점이 있다면 학교를 가지 않겠다며 밤마다 울고 아침마다 늑장을 부린다는 점이다. 연주 엄마는 친구 문제도 제대로 대처하지 못하는 연주에게 점점 더 화가 나고, 이런 문제 때문에 학교를 가지 않겠다고 말하는 것 자체가 도무지 납득이 되지 않는다. 연주의 이런 모습이 뭔가 모자란 듯 보여 엄마는 화가 나서 못 견디겠다. 내 딸이 이거밖에 안 되나 싶어서 창피하기도 하다.

성적이 떨어져야 아이 마음을 보는 부모

이야기를 들어보니 친구들과의 문제는 연주에게 아주 오래된 문제였다. 그런데 연주 엄마는 그 문제를 간과했다. 왜 그랬을까?

엄마는 연주가 어릴 때부터 탁월하게 뛰어난 실력과 욕심을 보여 공부로 뭐가 될 듯싶었단다. 그래서 연주를 더 공부시켜 앞으로 실력 있는 아이로 키우려는 욕심이 났다. 실제로 연주는 학교에서 좋은 성적을 보이고 있었고 학급 임원도 하니, 친구 문제 때문에 속상한 일이 종종 있어도 아이들과의 관계에서 무시당하는 일은 없을 거라 여겼다.

연주 엄마와 같은 부모를 우리 주변에서 어렵지 않게 볼 수 있다. 우리나라 부모들은 아이들의 심리 문제에 그리 민감하지 못하다. 윗세대 부모가 그렇게 키워서 그럴 수 있다. 전쟁 이후 경제 성장 발달에 급급하였기에 드러나는 것 외에는 관심이 없는 세대였다. 개인의 내면을 보살펴주는 부모가 그리 많지 않았다. 그런 '원가족(부모의 부모)' 아래서 자라온 부모 세대라 사랑을 주는 것을 물질이나 드러나는 업적으로 대체하려 한다. 궁핍함을 물려주지 않으려고 열심히 살아왔고, 지금도 그것에 집중한다. 그래서 자녀가 원하는 것, 먹는 것 등은 넉넉히 주려 한다. 그런데 상대적으로 마음을 헤아리는 것에 약하다. 부모 자신이 그렇게 보살핌을 받은 적이 적기에 아이에게 어떻게 해주어야 할지도 잘 모른다.

그나마 아이의 마음을 보게 되는 계기도 학업 때문이다. 공부에 문제가 생기면 어쩔 수 없이 아이의 내면이나 부모-자녀 관계의 근본 문제들을 되짚어본다. 심리적 문제가 생길 때는 이를 도우려 상담실을 찾지 않지만, 학업 문제가 생기면 심리적 문제가 원인이 되지 않았을까 생각하며 발 빠르게 상담실을 찾는 부모가 많다. 이런 부모들의 궁극적 목적은 학업 증진에 있다. 과거 이렇게 살아온 부모들의 욕구를 무시할 수 없다. 학업을 통해서라도 자녀의 마음을 보게 되면 그나마 다행이다 싶다.

연주도 마찬가지였다. 초등학교 때까지는 학업에 큰 무리가 없어서 또래 문제나 기타 행동 문제가 외면되었다. 하지만 중학교 와서 친구들 간의 문제가 생기면서 성적도 자꾸 떨어지니 연주 엄마의 마음도 급해졌다. 학원도 툭하면 안 가겠다고 하고 친구랑 같이 다니는 학원으로 옮기는가 하면, 이번 사건 이후에는 친구들 만나는 것이 싫다며 학원도 모두 끊겠다면서 엄마를 괴롭힌다.

공부를 거부하는 모습에 연주 엄마도 놀란 것이다. 공부도 못하면서 친구도 제대로 사귈 줄 모르는 아이라고 생각되니 엄마는 연주가 너무나 한심스럽게 보인다. 예전에는 공부하라는 말에 투덜거렸지만 그래도 하려는 시늉을 보이던 아이가 이젠 아예 들은 척도 안 하는 대담한(?) 모습에 엄마는 '내 말을 듣지 않는 자식'이 되었다는 절망감이 든다.

사춘기 자녀의 극심한 감정 변화

연주 엄마는 자기만 괴롭히는 딸이 참 미웠다. 그런데 우연히 신문에서 청소년기의 조울증 기사를 보면서 혹시 연주도 이런 심리적 병이 생긴 건 아닌지 겁이 덜컥 났다. 연주가 전에 없이 화를 자주 내기도 하고 억울하다며 소리 높여 엉엉 우는가 하면, 자기 뜻대로 안 된다며 짜증스러워하는 등의 감정 변화가 많이 심해서 청소년 조울증은 아닌지 의심된다는 것이다.

하지만 연주의 이런 심한 감정적 변화 모습은 사춘기 아이들에게서 흔히 보인다. 이는 사춘기 아이의 뇌 발달 때문에 생기는 일이다. 편도체가 발달하면서 감정 통제가 힘들어지는 것이다. 미국 국립보건원 생물학자인 제이 지드 교수에 따르면, 청소년기에 여자아이들보다는 특히 남자아이들에게서 남성 호르몬인 테스토스테론이 편도체에 넘쳐나 편도체를 더욱 확대시킨다. 이 편도체는 두려움과 분노 등의 감정에 관련된다. 편도체가 청소년기에 발달하기에 짜증이나 화가 많이 나는 것이다. 격분하는 청소년 남자아이들이 정말 무서운 이유다.

상담을 받고 있던 훈이 엄마가 급하게 메일을 남겼다. 그날 있었던 아이와의 싸움 때문에 생긴 고민 내용이었다. 중학교 3학년 훈이가 자신이 원하는 건담을 사주지 않는다며 엄마에게 화를 냈다. 훈이는 엄마랑 약속한 시간만큼 공부했는데 왜 안 사 주냐고 따졌다. 엄마가 공부 시간을 약속한 것이 아니라 공부량이었다고 말하자, 훈이는 엄마 마음대로 한다며 자기 방으로 들어가 문을 걸어 잠그고는 물건을 다 집어던졌다. 갑자기 쾅 소리가 나서 놀란 엄마가 문을 두드려 간신히 들어가 보니 방은 난장판이 되어 있었고 문 안쪽이 주먹으로 패였단다. 그런데도 화가 안 풀린 듯 부들부들 떨며 엄마를 노려보는데, '이놈이 미친 거 아닌가? 약이라도 먹여야 하나' 하는 심란한 마음에 글을 보냈다고 한다.

엄마가 무엇보다 힘든 것은 그렇게 화낼 일도 아닌데 아이가 화를 내고, 이야기만 잘 풀어가면 방법도 찾을 수 있는데 갈수록 막무가내로 자신이 원하는 것만 요구한다는 점이다. 자신의 요구가 이루어지지 않을 것 같으면 너무나 쉽게 짜증을 내며, 화를 내는 강도도 점점 세져서 엄마가 감당하기 어렵다. 사춘기 때 작은 좌절에도 이렇게 심한 행동을 보이는 모습은 남자아이들 사이에선 흔하다.

초기에 손 놓아 나중에 더 큰 문제로

하지만 사춘기 아이의 이러한 행동을 뇌 현상으로만 설명하기엔 미흡하다. 모든 사춘기 아이가 다 이렇게 심한 감정 격변을 보이진 않기 때문이다. 연주나 훈이처럼 감정을 추스르기 힘들어 보이는 행동에는 또 다른 이유가 있다. 바로 '나중에, 심각하게 나타난 문제'의 특성 때문이다. 발달적 측면에서 정상과 비정상을 구별할 때 적용하는 기준점 중 시간과 문제 행동의 강도를 들 수 있다. 발달적으로 당연히 있을 수 있는 시기인가를 보고 또래 집단과 비슷하게 보이는 양상은 문제로 여기지 않으며, 그보다 뒤처져 있는 경우에 문제로 본다.

나중에 드러나는 문제는 과거 해결되지 않은 고착된 문제이기에 심각한 경우가 많다. 강도 면에서는 또래에서 있을 법한 행동이 지나치게 심하거나 정도를 넘어서는 경우 문제로 본다. 감정 변화를 겪는 것은 당연하고 그것을 거칠게 표출할 수 있으나, 그 모습이 일반적인 사춘기 아이들보다 더 강도가 세다면 문제가 될 수 있다. 심각하게 보이는 행동이 문제가 되는 것이다.

나중에 드러나는 문제들은 그 나이에 부적합한 모습이라 문제시되는 경우가 많다. 연주처럼 중학교에서 학교를 가지 않겠다고 하는 모습은 발달적으로 문제가 있는 모습이다. 학교를 가고 싶지 않다는 것은 학교 적응의 어려움을 드러낸 것이다. 학교 적응에는 3가지가 필요한데 학업, 친구 관계, 선생님과의 관계에서의 긍정적 경험이다. 지금 연주는 친구 관계로 인해 학교 부적응을 보이고 있다.

나중에 나타난 문제는 사실 진짜 이유를 숨기고 있는 경우가 많다. 연주의 경우 진짜 문제는 앞서 말한 엄마와의 나쁜 관계이다. 이렇게 말하면 연주 엄마가 연주에게 아주 나쁜 짓을 했을 것 같지만, 연주 엄마는 엄마대로 아이를 위해 애쓰셨다. 그런데 그것이 연주가 원했던 방식이 아니었다.

연주의 심리 평가를 살펴보면, 초기에 엄마와의 애착이 불안정한 상태에서 동생을 보자 동생에게 엄마를 빼앗기는 느낌이 많았다. 연주는 엄마와 드러나게 갈등을 보이진 않았지만, 늘 마음속에서 엄마에게 인정을 받으려고 애썼다. 그런 노력이 주로 공부였다. 엄마의 마음에 들기 위해서 공부를 열심히 했지 실상 자신이 원해서 한 것은 아니었다. 또한 연주는 자신의 감정을 잘 드러내지 못했기에 엄마를 향한 애정 결핍 욕구를 친구들의 관계에서 해결하고자 하였다. 부모와의 관계가 좋지 않은 자녀가 부모에게 인정을 받으려고 얼마나 애쓰는지 부모는 알까? 연주의 경우도 아마 엄청난 노력을 했을 것이다.

하지만 사춘기가 되면서 더 이상 엄마의 인정을 받기 위해 노력하지 않는다. 친구에 대한 관심이 더 우선시되고 친구가 제일 중요해지면서 엄마보다 친구의 인정을 더 원한다. 친구의 말에 따라 움직이고 친구가 내 편이 되어주면 세상을 다 얻는 기분이다. 그렇다 보니 친구와의 문제에 더 예민해지고, 내가 원하지 않은 공부는 뒷전이 될 수밖에 없다. 이처럼 지금 보이는 문제의 원인이 전혀 다른 곳에서 출발한 경우가 많기에 부모로서 답답하기만 하다.

나중에 나타나는 문제는 심각하게 변하기 마련이다. 즉 초기의 가벼운 문제가 여러 단계를 거쳐 강도가 심화된 상태로 변하기 때문이다. 문제 양상의 심화 단계를 표식으로 나타낸 소치사부로(1976)의 도식화를 보면 좀 더 이해하기 쉬울 것이다.

문제(1차 증상) → 정서 불안(2차 증상) → 열등감(3차 증상) → 반응 행동(4차 증상) → 반사회적 행동(5차 증상)

이 도식에 따라 연주의 상황을 설명해보면, 초기의 문제는 엄마와의 불안정한 애착과 동생에 대한 경쟁의식이다. 이러한 문제로 연주는 부모에게 인정받지 못한 불안감을 느끼는 2차 증상을 보였고, 이후 또래 사이에서도 자신이 제대로 수용되지 못하는 열등감을 경험하는 3차 증상을 보였다. 사춘기가 되면서 열등감이 깊어지고 이로 인한 내적 분노가 심해지면서 짜증이나 화를 드러내는 4차 증상의 단계에 이르렀다.

이처럼 초기에 개입해서 도와주지 않으면 문제는 점차 심각해지고, 만약 방치되는 경우 반사회적 행동으로까지 나아갈 수 있다. 특히 연주처럼 친구들의 인정이나 자신을 보호해줄 친구를 찾는 경우, 자칫 잘못해서 불량스러운 친구들과 관계를 맺게 될 수 있다. 그들이 주는 충성과 동조의식에서 만족감이 생겨 친구들의 비행에 쉽게 빠져버리면 5차 증상의 모습으로까지 나아갈 수 있다.

이와 관련해서 한 고등학생이 떠오른다. 얌전하게 다니던 아이가 중3때 소위 말하는 날라리 친구들과 어울리게 되었다. 부모는 자신의 딸이 절대 그럴 아이가 아닌데 친구를 잘못 사귀어서 그렇게 되었단다. 그래서 전학을 시켜 고등학교를 지방으로 보냈더니 이젠 아예 가출을 하고 집에 들어오지 않는다는 것이다.

이 아이를 그대로 두면 위 도식에 따라 5차 증상으로 갈 게 뻔했다. 부모도 그렇게 될까 봐 상담하고 싶은데 아이가 절대 오려 하지 않는다며 초조해했다. 부모님이라도 오셔서 먼저 상담을 받으시면 좋을 것 같다고 말씀드리자 선뜻 내켜하지 않았다. 부모의 문제가 아닌데 부모만 상담해서 무슨 소용이냐며 상담을 거부하셨다. 사실 이 아이도 연주와 비슷한 과정을 밟은 것으로 보인다. 그런데도 부모는 아이의 현재 행동 문제만 보지 그것을 발생시킨 진짜 이유에는 관심이 없다. 그러니 아이가 가출까지 하는 상황에 이르지 않았겠는가.

차라리 아이를 유학 보내고 싶은 부모들

연주 엄마는 다행히 상담을 수용하셨고 부모-자녀 관계를 개선시키기 위해 노력하셨다. 그런데 나중에 심각하게 나타난 문제의 경우 '변화'라는 게 더디 갈 수 있어 그 시간을 부모가 버티는 것이 쉽진 않다.

연주 엄마도 아이의 변화된 모습을 기다리는 것이 정말 힘들다고 하소
연했다. 관계 개선을 위해 아이에게 맞추다 보면 엄마는 자꾸 화를 참
게만 되는 것 같아 힘들다는 것이다. 갈등이 생길 때마다 연주를 어디
로 보내고 싶어진단다. 차라리 유학을 보내면 어떻겠냐고 묻는다. 유학
을 가서 지내면 오히려 스스로 알아서 하는 것도 많고 정신도 더 잘 차
리고 철이 든다고 하더라며…….

앞서 언급한 훈이 엄마도 아들의 미친 짓(심한 감정 격분)을 보면서 같
이 살고 싶지 않단다. 원래 유학을 계획하고 있었는데 빨리 앞당겨 그
냥 보내면 안 되겠냐고 묻는다. 이들 부모는 왜 아이를 유학 보내려는
것인가? 진짜 아이들을 위한 것일까? 그렇지 않은 것 같다. '유학'이 아
이의 미래를 위한 도전같이 보이지만, 그 이면은 아이와의 관계에서 생
긴 갈등을 감당하기 힘들어 선택하는 '회피'다.

이들의 또 다른 공통점은 공부에 대한 기대가 높은 부모가 공부 안
하고 있는 아이를 보기가 힘들기 때문이다. 차라리 외국에서 어떻게든
알아서 하고 오면 지금보단 낫지 않을까라는 조금은 무모한 판단(?)을
쉽게 내리려 한다. 겉으로는 그럴듯한 명분이 있어 자녀와 갈등이 심한
부모에게 더 유혹적이다. 특히 가정 형편이 좋은 가정일수록 자녀와 문
제가 생기면 유학을 쉽게 생각한다.

상담가로서 나는 부모-자녀 관계가 좋지 않은 경우일수록 유학 보내
는 것을 반대한다. 이렇게 가는 아이들도 '내가 싫어서 보내는구나' 하
고 직감한다. 아이가 보내 달라고 스스로 요구하는 경우도 가끔 있다.
설령 그럴 경우라도 부모-자녀의 관계가 나쁘다면 아이의 의도를 정확

히 알아봐야 한다. 철저히 혼자서 모든 것을 계획하고 생활해야 하는 외국 생활에서 나쁜 부모-자녀 관계를 경험한 아이가 잘 적응하리라는 판단은 정말 부모의 편리한 이기적인 생각일 수 있다. 원치 않는 유학을 갔을 때 그곳에서 향수병은 물론 우울증, 공황장애, 섭식장애 등의 정신병리를 겪고 온 아이들을 심심찮게 본다.

유학을 보내고 싶은 유혹이 쉽게 느껴진다면 그만큼 내 아이와의 관계에 문제가 생긴 것으로 볼 수 있다. 한마디로 나쁜 부모-자녀 관계일 수 있다. 유학 보내는 것에 열을 올려 정보를 찾아다니기보다 아이와의 관계를 우선적으로 회복하려는 노력이 필요하다. 내 눈앞에서 사라진다고 자녀와의 문제가 영원히 사라지지 않는다. 해결되지 않은 관계 문제는 그대로 남아 있고 언젠가 다시 때가 되면 그 문제로 갈등이 반복될 것이다.

'유학 보내지는 자녀들의 마음은 유배지로 떠나는 마음과 같다'라고 표현하면 좀 공감할 수 있을까? 사춘기를 부모가 곁에서 함께 지내준 아이와 그렇지 않은 아이가 갖는 정신적 안정감은 분명 차이가 있다. 조기 유학이 많아지는 시점에서 이들이 성인이 된 10년 뒤의 모습이 어떨지 정말 걱정이다. 아무리 힘든 자식이라도 쉽게 어딘가로 보내려는 생각은 버리자. 부디 지금 나를 고통스럽게 하는 자식과 어떻게든 함께 하리라 마음먹기를 바란다.

10대보다 부모가
더 불안하다

새 학교 적응 스트레스

따스한 햇살이 참 좋은 봄이 되면 한 차례 홍역을 앓는 이들이 있다. 이제 막 새 학교에 입학하는 아이들이다. 초등학교든 중학교든 고등학교든 내가 만난 다양한 그룹 속 아이들은 모두 첫 시작에 대한 두려움을 갖고 있었다. 심지어 대학생들에게도 처음 접하는 세상에 대한 두려움은 여전히 크게 자리했다.

자신이 원하는 예중에 들어간 지영이가 지난겨울 동안 상담을 받으면서 다루었던 내용도 새로운 장소에 대한 두려움과 긴장감이었다. 초등학교 생활에서 원하던 바대로 되지 않은 것을 중학교에서 반복하고 싶지 않단다. 예중에 대한 소문을 듣고는 선배들에 대한 두려움도 많이 생겼고, 아는 친구가 없는 곳에서 시작하는 것도 걱정된다. 집과 멀리 떨어진 곳으로 다닐 때 함께 다닐 친구가 생기지 않으면 어떻게 하나, 자기보다 실력이 더 좋은 친구가 많이 와서 자신이 뒤처져 보이면 어떻게 하나 등 근심이 꼬리를 물고 있다. 지영이 엄마는 이렇게 계속 걱정만 하고 있는 지영이가 못마땅하다.

지영이가 느끼는 이런 불안은 당연하다. 사실 부모들은 못하거나 힘들었던 경험은 잊어버리고 잘하고 즐거웠던 것만 기억하는 경우가 많다. 그래서 내 아이도 쉽게 잘 해내리라고 착각하는 것이다. 근데 사실 아이들의 적응은 그리 간단하고 쉬운 일이 아니다.

이론적으로 아이들의 발달상 시간 체계 내에서 발생할 수 있는 스트레스 요인 중에는 이사나 전학 및 새로운 진학 등이 있다. 즉 새로운 환경 변화는 아이의 성장에서 매우 큰 스트레스 요인이다. 그래서 3월부터 4월에는 이러한 적응 문제를 보이는 아이가 상담실을 많이 찾아온다.

새 학교를 보내며 느끼는 부모의 불안

자녀가 처음 초등학교 들어갈 때는 대부분의 부모가 자녀 이상으로 긴장하는 모습이다. 상담실을 방문하는 부모들 중에는 학교 입학 준비와 관련하여 아이가 학교에서 잘 적응할 수 있을까 하는 걱정 때문인 경우도 많다. 그런 걱정 때문일까? 7살 자녀에게 느끼는 막연한 불안감은 초등학교 1년 동안 계속 이어진다. 그래서 엄마들이 자신의 불안감을 달래기 위해 크고 작은 학부모 모임을 많이 만들어 활발하게 활동하는 시기도 바로 자녀가 초등학교 1학년일 때이다.

일단 자녀가 초등학교의 새로운 체계를 익히고 선생님과의 관계, 친구들과의 관계, 학교 수업에서 크게 어려움을 느끼지 않는다면 잘 적응한 것이다. 그렇게 초등학교 6년이 지나면 다시 중학교 진학이 다가온다. 6학년 말이 되면서 부모에게는 또다시 긴장의 분위기가 올라온다.

자녀의 중학교 입학을 앞둔 부모들이 호소하는 고민은 학업을 잘 따라갈 수 있을지, 얼마만큼 선행을 시켜야 하는지, 사춘기가 되면서 친구들끼리 문제는 생기지 않을지, 친구 때문에 학교나 학업을 싫어하거나 안 하면 어떻게 할지, 사춘기 양상이 얼마나 심해질지, 반항은 얼마나 심하게 할지 등 내용도 다양하다.

부모들이 불안해하는 이유는 주변의 사춘기 자녀를 둔 부모들의 이야기나 소문 등의 영향도 한몫하는 듯싶다. 영어는 하나만 틀려도 100등으로 밀려난다, 1~2점으로 학년 석차가 몇 십 등 떨어진다, 중학교 수학은 다 떼고 간다, 전 과목을 과외하는 아이가 있다 등의 소문이 부모의 불안을 부추기는 것이다.

이런 소문을 들은 부모들은 과연 얼마만큼 아이를 준비시켜야 할지 모르겠다고 말한다. 중학교의 학업 평가가 2012년부터 절대평가로 바뀌어 ABCDE로 표기하게 되었지만, 여전히 부모들은 자녀의 전체 석차가 궁금해 어떻게든 알아낸다. 초등학교까지는 숫자로 명확하게 드러나지 않았던 아이의 학업 수준이 숫자로 드러나면서 부모가 예민해지는 것이다.

그래서 중학교 아이를 둔 부모들이 성적표 때문에 앓아눕는다는 이야기를 들으며 내 아이는 과연 얼마나 해낼까 싶어 막연한 불안감에 빠진다. 여기에 사춘기 자녀들이 하는 문제 행동에 대한 이야기를 들으면 부모의 불안은 더 심해진다. 반에서 왕따를 당해 자살을 했다는 뉴스, 어느 학교에는 일진이 있다, 어떤 여자아이가 임신을 했다, 친구들의 돈을 빼앗는 아이가 있다, 아이들끼리 다투다가 턱이 나가 천만 원을 들여 수술을 했다, 아이들의 폭행 사건 때문에 부모가 형사 고발해 아이가 경찰서에 갔다, 아이들끼리 모여 교실에서 음란물을 봤다, 화가 난 아이가 유리창을 깼다, 반에서 아이들이 투명 인간 취급해서 학교 안 가겠다고 한다, 집을 나갔다 등 마치 모든 사건 사고가 중학교 사춘기 아이들한테만 생기기라도 하는 듯 이들의 비행 행동이나 이상 행동에 대한 이야기는 끝도 없이 학교마다 다양하게 나오고 있다.

이에 부모는 막연히 중학생에 대한 부정적 이미지를 갖게 되고, 중학교 생활을 내 아이가 잘 적응할 수 있을지에 걱정부터 앞세운다. 나 역시 아이의 중학교 입학을 앞두고 혼자 끙끙거렸던 기억이 난다. 6년 동안 초등학교 생활을 큰 문제없이 잘 지내온 데 대한 고마운 마음도 잠시, 아이가 잘해온 것은 하나도 눈에 들어오지 않았다. 아이가 갈 중학교의 온갖 소문을 무시하지 못한 채 학업은 학업대로 걱정, 친구 관계나 학교 생활 전반에 대한 걱정이 꼬리에 꼬리를 물고 이어졌다.

그때 친구가 내게 따끔하게 "아이보다 부모가 더 불안해한다" 하고 한마디 핀잔을 주었다. 순간 맞다 싶었다. 아이는 주변에서 중학교에 가면 많이 못 노니까 지금 실컷 놀아라, 공부할 것이 많다 등의 이야기 정도 들을 뿐 그렇게 크게 걱정하진 않는 모습이었다. 아이는 아직 경험하지 못했기에 걱정도 되지만 나름 기대되는 면도 많은 듯했다. 그런데 엄마인 내가 더 걱정하고 있었다.

  그렇다면 나를 포함한 사춘기 자녀를 둔 부모들이 느끼는 불안은 도대체 무엇일까? 한마디로 내 아이가 잘 해낼 수 있을지, 잘 적응할지 등을 믿지 못하기 때문이다. 이는 아이의 능력에 대한 비교를 신경 쓰기 때문임을 고백한다. 공부를 잘 못하면 어떻게 하나, 학교에서 잘 적응하지 못하거나 인기가 없으면 어떻게 하나 등 남보다 더 잘해야 한다는 압박감 때문에 생기는 불안이다. 그래서 지금 내 아이가 잘하고 있는 것은 별로 눈에 들어오지 않고, 아이가 앞으로 잘해야 한다는 것에만 급급해하고 쫓기는 모습을 보였다.

  특히 우리나라는 교육열이 높다 보니 학업에 대한 불안이 매우 크다. 몇 년 전만 해도 아이가 유치원생이 되면 대학 입시 준비하듯 공부 선행을 시키는 부모가 많다고 했는데, 최근 젊은 부모들과 상담을 해보면 아예 임신임을 알게 된 순간부터 학습 준비 모드로 바뀌는 모습에 놀라지 않을 수 없다. 이렇게 선행학습이 자꾸 저연령화되면서 가열되는 이유는 내 아이가 남보다 더 우월해야 경쟁에서 이길 수 있다고 여기기 때문이다.

  그런데 아이가 잘해서 얻고자 하는 것이 무엇인가? 공부를 잘해서 좋은 대학을 가야 사회적으로 성공할 것이라 여기는 것이다. 그래서 공부에 올인하며 대학 입시에 열을 올리는 부모가 많다. 남보다 뛰어난 아이가 되면 결국 사회의 경쟁 체제 안에서도 성공할 것이라고 믿는다. 자녀가 성공해서 안락하고 행복한 삶을 사는 것, 이는 부모의 당연한 바람일 것이다. 하지만 행복한 미래를 위해 지금 내 아이를 좀 더 잘하도록 이끌어야 한다는 논리가 마음에 자리 잡으면, 부모들은 자녀의 부족한 면을 빠르게 채워 넣어야 한다는 강압에 시달리고 만다.

한창 놀고 싶은 6학년 아이를 중학교 준비시켜야 한다면서 겨울 방학 내내 학원으로 돌린다. 오죽하면 겨울 방학 끝나고 등교한 아이들이 차라리 학교에 다니는 게 더 낫다고 선생님께 호소하겠는가. 조금이라도 더 잘 준비시켜 중학교에 가서 높은 성적, 아니 석차를 받게 하고 싶은 경쟁심에 아이를 무리하게 학원에 보내는 것은 모두 부모의 불안으로 인한 강압적 행위이다.

이는 부모가 어떤 병적인 문제를 갖고 있기 때문이 아니다. 지극히 정상적인 부모들도 쉽게 휩싸이곤 하는 불안감이다. 그래서 아이를 잘 키우고 있는 부모도 중학교 입학을 앞두면 주변 분위기에 동조되어 '내 아이만 뒤처지면 어쩌지?'라는 불안이 생기기 쉽다.

앞서 언급한 것처럼 자녀의 경쟁에서 느끼는 부모의 불안이 실제 자녀 본인이 체감하는 불안보다 더 강할 때도 있다. 나도 내 아이가 6학년 겨울 방학 무렵 실제 그런 경험을 했다. 아이가 공부하다 말고 나와서 텔레비전을 보는 모습에 나도 모르게 버럭 화를 내버려 크게 한판 붙어버린 적이 있다. 평소처럼 공부하고 잠깐 쉬면서 텔레비전을 보고 있는 건데 왜 그러냐며 억울해하는 아이의 말을 듣고서야 나는 그날 낮에 만난 이웃 아주머니들의 이야기로 내 마음이 심란했던 것이 떠올랐다.

다른 아이들이 얼마나 공부하고 있는지를 들으면서 갑자기 불안했던 것이다. 우리 아이도 안 하는 건 아닌데 하면서도 '더 많이 하지 않으면 우리 아이가 처져버리겠구나' 하는 생각이 들면서 마음이 매우 쫓겼다. 그래서 자기 공부 방식을 정해 실천하고 있는 내 아이에게 "그런 식으로 해서 어떻게 다른 아이들과 경쟁할 수 있겠어" 하며 비난을 퍼부었다. 아이가 자기 나름대로 계획을 세워서 착실히 방학을 보내고 있다는 걸 알면서도 조급한 마음에 더 강하게 끌고 가야 한다는 마음이 충동적으로 올라온 것이다. '또 내 불안이 아이를 망쳤구나' 싶은 미안함과 함께 교육에서 주관이 없는 나 자신에 화가 났다.

지금껏 아이를 키우면서 난 무엇을 중요시 여겼을까? 상담일을 하면서 수많은 아이의 고통을 보고 정신적으로 건강하게 자라게 하는 것이 참 중요하다는 생각을 한다. 그나마 내가 나의 아이에게 강압적으로 키우려 하는 충동을 조절할 수 있는 것은 상담실에서 만난 많은 아이의 모습이 떠오르기 때문이다. 그래서 내가 원하는 방법보다 아이의 방식을 따라주려고 했다.

초등학교 저학년까지는 내가 주도하는 비율이 더 많았다. 하지만 고학년부터는 점차 아이에게 넘겨주었고, 6학년부터는 혼자 해보도록 엄마의 개입을 줄여갔다. 그래서 겨울 방학이라고 준비한 게 중학교 1학년 1학기 내용을 좀 훑은 정도였다. 그런데 이웃 아주머니들을 만나고 와서 나의 이런 방식이 너무 구식이고 최근 방법을 전혀 따라가지 못하는 것 같다는 느낌이 들면서 불안했다. 내가 아이를 제대로 도와주지 못하고 있는 것은 아닐까 싶어 걱정이 되기 시작된 것이다. 뒤처질까 봐……

그날 곰곰이 생각해보았다.

'아이가 뒤처지면 걱정되는 게 뭘까? 엄마 역할을 제대로 못한 것 같은 느낌이 들어서? 공부 잘하는 자식을 두면 부모가 인정받는데 아이가 못하면 내 자존심이 상할까 봐? 그래, 사실 더 걱정되는 건 좋은 대학을 못 갈까 봐…….'

나도 다른 부모들과 똑같은 고민에 빠져 있었던 것이다.

'좋은 대학 가면 어떻기에? 취직이 잘 된다? 결혼을 잘 한다? 자존감이 높다? 사회적으로 성공한다? 그렇다면 정말 반드시 그럴까? 그럴 가능성이 높은 것 때문에 그런가? 이것이 주는 삶의 만족감이 그렇게 클까? 삶에서의 행복이 주관적인데 단지 성적이 좋다고 삶이 행복해진다거나 성공할 수 있다고 말할 수 있을까?'

사실 사회에 나와 보니 학벌이 주는 혜택이 많았다. 그런데 한편으로는 사회생활을 하면서 소위 일류 대학을 나왔다는 사람들이 그렇지 않은 사람들보다 대학 이후의 삶에서 큰 노력을 하지 않는 모습을 많이 보았기에 씁쓸한 마음도 든다. 오히려 소위 지방대나 일류대를 나오지 않은 사람들이 지속적으로 열심히 공부도 하고 자신의 꿈을 이루기 위해 더 열심히 사는 것을 보았다. 이는 어쩌면 결핍에서 오는 간절함 때문일지 모르지만, 공부를 하고 싶은 사람은 결국 나이가 들더라도 하는 것 같다.

이런 고민들을 하면서 나는 아이를 어떻게 키우고 싶은지 되돌아보게 되었다. 좋은 대학을 목표로 삼는 아이로 키울 것인가, 끝까지 자신이 하고 싶은 일을 이루려고 노력하는 꿈을 가진 아이로 키울 것인가. 나는 대학을 마지막 목표로 삼는 아이가 아니라, 자신의 전 인생을 성장하며 사는 아이로 키우고 싶다. 그러기 위해서는 무엇보다 아이 자신이 주도가 되는 삶을 살도록 도와야 한다.

아이가 주도적이 되려면 부모의 간섭이 조절되어야 한다. 18세까지는 부모의 개입이 필요함을 인정한다. 그렇지만 아이가 사춘기부터는 점차 부모의 개입을 줄이고 자녀가 주도하는 영역을 늘리는 게 바람직하다. 이를 위해서는 부모가 대신 해주고 싶은 충동을 참고, 아이가 하는 어설픈 방법과 실패를 보면서 돌아가는 시간을 견디는 여유로운 마음이 먼저 필요하다. 어떨 땐 아이보다 더 견디기 힘들 것이다. 돌아가는 시간이 답답하고, 빨리 도와서 좋은 결과를 보고 싶은 조급함이 부모인 나를 흔들기에…….

부모의 불안 다스리기

이런 조급함이 나를 불안하게 한다. 이렇게 불안을 느끼는 부모들은 부적절하게 화를 폭발시켜 아이와의 관계를 어렵게 만들 때가 있다. 부모의 불안으로 인해 아이가 괴로워하는 일을 만들지 않으려면 어떻게 해야 할까? 그럴 때는 부모 자신의 불안을 직면하는 게 도움이 된다. 먼저 부모가 느끼는 불안이 무엇인지 적어본다. 가급적이면 공책에 꼬리 물기 식으로 적어가면 좋다.

아이가 화장을 하는 것이 싫다→화장은 노는 아이들이 하는 것이다→그렇게 노는 아이는 공부를 못한다→공부 못하면 사회생활에서 인정받지 못한다→사람들이 무시한다…….

이런 식으로 기록하다 보면 부모를 불안하게 하는 근본적인 생각이 위로 떠오를 것이다. 그러면서 부모 자신의 잘못된 생각도 볼 수 있다. 그런 다음 부모가 생각하는 것처럼 자녀도 그렇게 느끼고 있는지 살펴본다. 많은 경우 자녀는 부모가 느끼는 것처럼 심각하게 여기지 않는다. 아이에게 불안의 정도를 숫자로 물어보자. 10 정도에서 몇 점 정도가 되는지를 물어보고, 왜 그렇게 점수를 주었는지 이야기를 나누다 보면 부모가 생각한 것과 실제로 자녀가 느끼는 것에는 차이가 있음을 알 것이다.

서로의 불안 정도를 파악했다면 지금 부모가 느끼는 불안한 그 내용이 정말 장기 목표에 비춰봤을 때 허락할 수 없는 것인지를 가늠해본다. 길게 보면 지금 화장하는 것이 큰 문제가 되지 않을 수 있다. 일시적 호기심일 수 있는데 부모가 과도하게 반응해서 자녀가 더 비뚤어지게 행동할 수 있다. 스스로 해볼 만큼 해보면 더 이상 하고 싶지 않을 수 있는데 자꾸 못 하게 막으니까 더 하고 싶고, 하고 싶은 마음도 금방 가라앉지 않는다. 큰 시각에서 보면 지금 아이가 하는 행동은 큰 문제가 되지 않을 수 있다. 호기심에 의해 일시적으로 강하게 나타날 수 있음을 기억하자.

그런 다음 그 문제를 어떻게 해결하고 싶은지 아이와 허심탄회하게 이야기한다. 현재 상황에서 개선할 수 있는 부분은 무엇이고, 어떻게 해결하고 싶은지를 함께 이야기한다. 부모가 자기 방식대로 따라오게 하고 싶은 충동을 잘 참고 자녀가 원하는 방식을 따라주면서 타협점을 찾는 대화여야 한다. 그리고 자녀가 언젠가는 스스로의 힘으로 학교생활을 성실히 하려는 때가 올 거라고 믿어준다. 자녀의 강점들을 믿어주고, 그런 능력으로 무엇인가를 스스로 이루어갈 것임을 기대하는 모습도 보여준다.

스트레스가 많을 때 부모의 불안감은 더 커진다. 아빠보다 엄마들이 자녀에게 화를 폭발적으로 내는 이유도 엄마가 집에서 이런 스트레스를 해결할 시간이나 여유가 적기 때문이다. 일하러 나간 아빠는 심리적이든 공간적이든 아이와 거리를 두고 있기 때문에 마음을 다시 추스르고 생각을 달리할 여유가 생기는데, 집에 있는 엄마는 환경상 그러기가 매우 어렵다. 부모 자신이 스트레스를 적절히 해소하면 감정들이 객관적으로 보이며, 아이에 대한 흥분된 감정을 누그러뜨릴 수 있다.

초등학교와 달리 중학교는 환경적으로도 경쟁 상황이 더 심해진다. 이런 변화 상황에서 미래 중학교 생활이 위협으로 느껴져 자녀를 강하게 보호하고자 통제할 수도 있고, 주변 사람들의 소문 때문에 스트레스를 받아 부모의 시각이 편협해질 수도 있으며, 곧 중학생이 될 자녀가 까다롭고 말을 잘 안 들으니 도와주기도 어려워 부모는 더욱 불안해질 수 있다.

하지만 내가 만나는 많은 젊은이가 자신이 좋아하는 분야를 선택해 멋지게 자기 삶을 만들어가고 있다. 그들 중에는 부모가 원하는 안정적인 대학과 자신이 원하는 학과가 달라 많이 다투고 눈물의 시간을 보낸 경우도 있다. 그렇지만 결국엔 부모가 자신의 결정을 따라주어서 현재는 원하는 학과에서 열심히 지내고 있단다. 자신의 선택인데다가 부모가 그것을 믿어주셨기에 더 큰 책임을 느끼며 열심히 최선을 다하게 된단다.

　나도 내 아이가 이런 모습으로 성장하길 바란다. 자신의 주관이 있고 원하는 바를 알고 있으며, 부모와 비록 갈등을 겪더라도 상황을 피하지 않고 부모를 설득할 수 있는 패기와 용기와 결단력을 가졌으면 좋겠다. 그래서 자신의 삶을 스스로 선택하고 결정하는 모습을 갖길 바란다. 그래야 자기 삶을 주도적으로 살면서 책임지려는 마음도 더 갖게 되고, 삶에 대한 자세도 진지하고 성실해질 수 있으니 말이다.

　이런 생각은 나의 조급증을 조금 누그러뜨린다. 이렇게 시야를 크게 만들어야 부모의 불안이 줄어든다. 자녀의 생활 모습이나 성적에 일희일비할 것이 아니라, 넓은 시각에서 당장의 성적에만 매이는 모습을 버릴 때 자녀를 통제하려는 행동도 줄어든다. 그러면서 자녀가 주도적으로 생활할 수 있도록 자율성의 기회를 주는 연습도 해야 한다. 자율성은 말 그대로 아이가 원하는 것을 선택해서 행동하는 삶이다. 자녀가 자신의 뜻을 분명하게 표현하며 결정에 대해 책임지며 살도록 이끌어 주는 것이 진정 부모의 역할일 것이다.

성적 앞에 뒤로 밀린 부모 역할

부모가 상담실을 찾는 솔직한 이유, 성적

솔직히 우리나라 부모들이 상담실 문을 두드리는 가장 큰 이유는 아이의 정서적 문제를 걱정하기 때문이 결코 아니다. 아이가 아무리 부모 속을 썩여도 성적을 어지간히 유지하고 있으면 상담실을 찾지 않는다. 특히 사춘기 자녀를 둔 우리나라 부모들이 상담실을 찾는 경우는 대부분 대학 입시와 관련된 학업 문제 때문이다. 아이에게 학습에 방해가 되는 정서적 문제가 발생하면 관심을 가질지언정, 학습에 문제가 없으면 정서적으로 아무리 왜곡되고 부모가 직감적으로 이상을 느끼더라도 무시해버리기 십상이다. 실제로 부모-자녀 간의 수많은 갈등 중 가장 큰 범위를 차지하는 것이 바로 학업 영역이다.

이러한 속성 때문일까? 우리나라는 10여 년 전부터 소아정신과에서 학습클리닉을 전면 내세우는 경우가 대부분이다. 그만큼 학습 문제를 가장 중심에 두고 아이의 정서나 다른 문제를 보려는 경향이 높다는 것이다. 아이의 내면을 보는 데 익숙하지 않는 우리나라 부모들이 학습 문제를 통해서라도 아이들의 심적 문제를 보게 된다면 그나마 다행이다 싶기도 하다.

상담을 시작하는 부모들 중 특히 사춘기 자녀를 둔 부모들은 자녀의 학습 성취가 초등학교 때보다 떨어지거나 성적이 기대만큼 나오지 않아 힘들어하는 경우가 많다. 아이를 이해하기는커녕 왜 이런 결과가 나오는지를 찾으려 한다. 그런 과정에서 아이의 심리적 고통이나 마음을 보기도 하는데, 부모로서 죄책감을 느끼면서 아이를 도와주고자 하고 상담을 통해 부모 자신도 변하려고 노력한다.

하지만 얼마 가지 못하는 경우가 많다. 그 이유는 우리나라 부모들이 해결을 받고 싶은 것은 진정 아이의 심리 치유도, 자신의 양육 방식에 대한 반성도, 아이와의 관계 개선도 아니기 때문이다. 단지 이를 통해 아이가 학습에 흥미를 느끼고 열심히 공부해서 좋은 성적을 내길 원할 뿐이다. 이것이 빨리 이루어지지 않는다고 느껴지면 이 방법이 아닌가 싶어 다른 방법을 찾겠다며 상담을 중단하기도 한다. 우리나라 부모들의 조급증이 상담에서도 그대로 드러난다.

한편 이런 모습도 있다. 강남의 잘나가는 학습클리닉은 밤 10시가 넘은 시간까지 운영되기도 한다. 대치동 학원가에서 공부를 마치고 집에 오는 길에 상담실을 찾는다. 아이가 너무 스트레스 받을까 봐 도와주려는 것이란다. 이를 어떻게 받아들여야 할지 난감하다. 공부도 시키면서 심적 안정도 도모하려는 것이니 나쁘다고만 할 수 없지만, 이런 식으로라도 공부를 시켜야 하는 현실이 참 씁쓸하게 여겨진다. 이야말로 병 주고 약 주는 모습이 아닌가. 두 마리 토끼를 어떻게든 다 잡고야 말겠다는 부모의 욕심은 아닐까.

상담실에서 만나는 다양한 학습 문제들

학습 문제로 상담실을 찾는 부모들의 호소도 참 다양하다.

- 천재로 여겨졌던 아이가 중학교에 와서 너무나 평범하게, 아니 그보다도 못한 실력을 보여 실망감을 이기지 못하는 부모
- 예전에는 하기 싫어해도 시키면 억지로라도 했는데, 사춘기가 되면서 더 이상 그런 강압도 먹히지 않아서 어쩔 줄 모르겠다며 당황한 모습이 역력한 부모
- 아이가 공부는 하는 것 같은데 도무지 성적은 안 올라 답답해하는 부모
- 공부하려는 계획도 없고 실천도 안 하고 하고 싶은 의욕도 없는 것 같아 '저러다 뭘 할 수 있을까' 하는 마음에 불안한 부모
- 책상에 앉아는 있지만 딴 짓만 하고 정작 공부는 하나도 안 한다며 집중을 못하는 아이 때문에 속상해하는 부모
- 중학생이 되었는데도 엄마가 옆에서 시험 내용을 다 봐줘야 하는 아이가 한심하지만, 그렇다고 혼자서 하는 것은 더 미덥지 못해 갈

팡질팡하는 부모

- 공부 다 했다고 해서 믿었는데 알고 보니 답안지를 베껴놓고는 시치미 떼는 모습에 그동안 이렇게 나를 속였나 싶어 화가 나서 아이와 심하게 다투며 갈등을 겪는 부모
- 학교 수업을 못 따라가는 아이가 혹시 무슨 문제가 있는 건 아닌지 걱정하는 부모
- 수행은 잘하는데 시험만 보면 점수가 안 나오는 시험 불안이 있는 아이를 도와주고 싶다는 부모
- 도무지 뭘 잘하는지 모르겠고, 적성을 알면 밀어주든 말든 할 텐데 딱히 잘하는 게 보이지 않아 답답한 마음에 적성 검사라도 받고 싶다며 찾아온 부모

학업에 대한 우리나라 부모들의 특징

현재 우리나라의 부모들의 학업에 대한 태도에는 몇 가지 특이한 점이 있다. 첫째, 그 어떤 영역에 비해 학습에서 자녀를 학업의 수동자로 대하는 경우가 많다. 이런 부모들의 학습에 대한 관점은 중국인들의 '타이거 맘(tiger mom)'과 비슷하다. 즉 어릴 때부터 엄격하게 목표를 향해 매정하게 공부를 시킨다. 이런 부모는 학업의 주체인 자녀를 인격적인 능동자로 대하기보다는 성공을 위해 자율을 포기한 수동자로 키운다.

자녀의 자유로운 선택과 의견을 쉽게 무시하는 이유는 아이의 판단을 미성숙한 것으로 여겨 미덥게 보지 않기 때문이다. 먼저 인생을 살

아본 부모의 결정을 따르는 것이 자녀의 행복과 성공을 보장하는 것이라 여긴다. 그만큼 자식을 보호하고 싶고 빨리 성공시키고 싶은 것이다. 또한 학습 경쟁에서 유리한 고지를 점령하기 위해 교육에서의 선행을 상당히 중시 여긴다. 남보다 앞서 더 많이 가르치면서 온갖 수상 경력과 화려한 스펙들을 만들고, 이를 증명할 수 있는 포트폴리오를 만들기 위해 7살부터 준비한다는 부모도 있다.

왜 이래야 할까? 대학의 문은 넓어졌지만 정작 부모들이 원하는 일류 대학의 문은 좁아지고, 경쟁자는 부모의 세대와는 비교가 되지 않을 만큼 많아졌기 때문이다. 386세대의 부모가 대학을 가던 당시에는 20퍼센트 정도가 대학에 진학하고 나머지는 사회생활을 바로 시작한 비율이 높았다. 하지만 지금은 이와 반대로 80퍼센트가 대학에 진학하려 한다. 고등학생 대부분이 대학 진학을 준비하고 있고, 그것도 일류 대학을 목표로 한다. 그야말로 바늘구멍이 된 대입을 통과하기 위해 좀 더 빨리 준비시키려 한다. 이런 까닭에 선행학습이 심해지고 있는 것이다.

학업에 대한 우리나라 부모들의 태도 중 두 번째 특이점은 아이의 실력 기준을 그 영역에서 가장 탁월한 아이에게 둔다는 점이다. 수학에서의 선행을 보면 확연히 알 수 있다. 내 아이가 할 수 있는 수학 능력보다는 수학적 재능이 탁월한 아이가 보이는 수학 능력을 기준으로 삼는다. 그래서 수학 천재가 하는 수준의 선행을 내 아이가 똑같이 해내길 바란다. 옆 집 아이가 하는 만큼 내 아이도 해야 한다는 마음이 강하다.

중학교 1학년 학생이 수학 8가, 9가를 끝낸 것은 당연하고 고등학교 정석 수준의 문제는 풀고 있어야 한다면 이것이 정상적인 학업 선행일까? 수학을 천재적으로 잘하는 아이야 그 정도도 수월하게 할 수 있겠지만, 평범하기 그지없는 아이가 그렇게 할 수 있을까? 이는 딱 뱁새가 황새 따라가다 가랑이 찢어지는 격이다.

세 번째 특징으로는 아들을 둔 부모의 태도와 딸을 둔 부모의 태도에 차이가 있다는 점이다. 남자아이를 둔 부모가 학업 면에서 더 많은 갈등을 느낀다. 아들이 공부 못하는 것에 대해 딸보다 더 엄격하다는 말이다. 아들 부모의 경우 나중에 번듯한 직업을 갖게 하려면 제대로 공부시켜 좋은 대학에 진학시켜야 한다는 생각이 더욱 강하다. 장남이라면 기대가 더 크다.

그래서 학업에서의 기대감을 충족시켜주지 못하는 아들에게 강한 억압을 보이기도 한다. 첫째가 잘돼야 나머지 형제도 잘된다며 장남에게 학업 부담감을 더 얹는다. 이렇게 학업 기대가 높다 보니 학업으로 인해 구타가 일어나는 가정은 딸을 둔 집보다는 아들을 둔 집이 더 많다. 공부를 못하면 맞는다고 고백하는 중학교 남학생이 얼마나 많은지 모른다.

그런데 사춘기 남자아이들이 어떤 아이들인가? 자존심으로 치자면 여자보다 센데다가, 누가 뭐라 하거나 이래라 저래라 할 경우 반항심만 더 커진다. 뭐든 자기 마음대로 하고 싶어 한다. 여자아이들이 순종적 성향이 있는 데 비해 남자아이들은 독립적이고 개인적 성향이 강하다.

이는 뇌의 발달에서도 드러난다. 여아는 남을 배려하고 감정을 느끼는 뇌의 영역이 활발한 활동을 보이는 반면, 남아는 그런 영역이 떨어지는 연구 결과도 있다. 그러니 남자아이들은 부모나 타인을 생각하기보다는 자기가 우선이 된다. 그래서 자신이 원하지 않으면 안 한다. 정말 꿈쩍도 안 한다. 겉으로 유순한 듯 보이는 아이도 실상은 마찬가지다.

그런데 우리나라 엄마들은 아들의 이러한 속성을 잘 인정하지 않으려 한다. 학습 상황에서는 더더욱 그렇다. 부모 말대로 공부하지 않거나 약속을 지키지 않는 아들을 예의 없고 버릇없는 도덕성 낮은 아이로 치부한다. 그래서 아들과 더 극단적으로 갈등하며, 서로가 지겹게 싸우는 속에서 마음의 상처도 많다. 그런 험한 과정을 거치다 결국은 두 손 두 발 드는 모습을 보인다. 아들을 이해하고 맞춰가는 과정이 참 힘겹기만 하다. 여자인 엄마가 남자인 아들에 대해 아는 것이 없는데도 알려거나 배우려고 하지 않으니 어긋난 모자 관계는 골이 더 깊이 팰 수밖에 없다.

학업에서 보이는 부모의 태도 중 네 번째로 특이한 점은 성급함이다. 부모 상담 과정에서는 부모-자녀의 관계 회복을 위해 부모가 우선적으로 아이의 욕구를 수용해줄 것을 원칙으로 한다. 그런데 이를 진행하는 과정에서 폭발하는 부모가 종종 있다. 부모가 해준 만큼 아이의 행동에 변화가 없기 때문이라는 게 그 이유다. 원하는 만큼의 결과가 빨리 안 나오면 부모는 힘겨워한다.

학업에서도 마찬가지다. '내가 이만큼 참아줬으니 너도 얼마만큼은 공부해야 하지 않니?'라는 식의 거래적 마인드가 있다. 그래서 잘해주면서도 기대한다. 부모는 속으로 '이 정도면 저 녀석도 부모 마음 이해하고 열심히 하겠지' 하며 보상이 빨리 나오길 바란다. 이런 기대 자체가 잘못은 아니다. 그런데 급하게 그 결과를 보길 원한다는 점이 문제다. 부모가 참을 수 있는 시간 내에 아이가 성과를 보이지 않으면 쉽게 실망한다. 그리고 약속을 깬 건 너니까 나도 더 이상 참아줄 수 없다며 바로 보복해버린다.

나에게도 이런 속성이 있다. 아이가 원하는 것을 해주었는데도 공부를 열심히 하지 않으면 아이에게 괜히 심통이 난다. 하지만 사춘기가 된 아이는 이런 내 심통에 더 이상 당하고만 있지 않는다.

"엄마, 이럴 거면 다음부터 잘해주지도 마. 나를 위해 해준 거라면서 왜 그렇게 생색을 내?"

아이의 냉정한 말에 화가 나면서도 얼굴이 화끈거린다. 맞다, 난 해주면서 다 계산을 하고 있었다. 내가 이만큼 하면 저 녀석도 이만큼 하겠거니 했다. 그리고 당장 결과를 얻어내려 했다. 생각해보면 아이에게 공부 때문에 소리치는 경우는 대부분 이런 성급한 마음이 들 때이다.

나의 부모 상담 슈퍼바이저가 아이에게 하는 거래적 마인드를 예금에 비유해서 설명해주었던 것이 기억난다. 우리가 예금할 때 오늘 돈을 넣어 내일 당장 빼는 경우는 없다. 예금 형식에는 단기 예금, 장기 예금이 있는데 장기 예금은 꾸준히 모아서 목돈을 마련하는 예금이다. 아이들에게 하는 부모의 투자는 장기 예금에 가깝다. 꾸준히 장기적으로 하다 보면 목돈처럼 큰 변화를 볼 수 있는 시기가 온다. 단기로 성공할 수 있는 투자가 몇이나 있는가? 아이에 대한 투자는 더더욱 그렇다. 그래서 부모가 장기 적금을 하듯 자녀에게 긴 시간을 두고 기다리며 결과를 보는 시기를 두자는 것이다.

　부모들이 학습에서 이와 같은 특이한 관점들을 보이는 데는 우리나라 교육 정책이 한몫을 한다. 즉 우리나라 교육 정책이 불안정하고 부모들 세대와는 전혀 다른 정책들이 시행되면서 그것을 충분히 숙지하기 힘든 것이다. 교육의 방법도 예전처럼 단순하지 않고 정말 다양하다 보니 어떻게 아이를 도와주어야 할지 부모 혼자서 판단하기가 어렵다. 누군가는 세상에서 가장 복잡한 교육제도, 즉 대입제도를 갖고 있는 나라가 우리나라라고 말한다.

　그래서 우리나라 학부모의 역할이 참 어려운 것이다. 아이들 뒷바라지도 쉽지 않은 상황에서 정보 수집도 하고 잘 판단해주는 역할도 해야 한다. 아이가 정보 없는 부모를 불평하는 시대이다. 공부량이 많은 아이들이 스스로 그런 정보를 얻는 데 한계가 있기 때문이다. 그런데 그 정보라는 게 어디까지 정확하고 꼭 필요한 것인지 구분도 잘 안 되고, 어디서 누구에게 얻을 수 있는지도 명료하게 밝혀지지 않고 있다. 학교 담임선생님도 잘 모르고 학원 선생님도 아닌 것 같고. 어쩔 수 없이 부모가 아이의 교육 맵(map)을 만들어가야 한다. 그래서 여기저기 학원 설명회를 쫓아다니면서 정보를 얻으려나 보다.

　그런데 나 같은 직장맘은 그런 곳을 갈 기회도 없다. 그러니 지금 내가 해주는 교육 방식이 맞는지를 하루에도 수십 번 생각하고 고민하게 된다. 그렇다고 뾰족이 다른 방도도 안 나온다. 이런 혼돈 때문에 교육평론가 이범 씨는 "우리 마음에 부모와 학부모가 함께해서 정신 분열이 일어난다"며 우리나라 학부모들의 고충을 표현했다.

그래도 나는 교육 정책은 바뀌어도 교육의 핵심 방법은 변함없으리라 믿는다. '공부는 스스로 해야 한다'는 생각은 과외가 없던 386세대에게는 상식과 같은 것이었다. 삶의 원론은 항상 같다고 생각한다. 다양한 사상이 있어도 옛날이나 지금이나 원칙이 있듯 공부에도 그런 원칙은 변함없이 있다. 'B2B(Back to the Basic)' 운동도 바로 기본 원칙을 지키는 것으로 돌아가자는 운동이다.

학업에서의 기본 원칙

그렇다면 학업에서의 기본 원칙은 무엇인가? 학업을 성공적으로 이루려면 5가지 영역이 균형 있게 성장해야 한다. 학업을 잘하기 위해서는 심력, 체력, 지력(지능 및 집중력), 자기관리 능력, 대인관계 능력이 필요하다. 이 중 하나라도 낮은 점수가 있다면 그 낮은 점수만큼의 학습 수준이 나타난다. 그래서 이 5가지 영역을 골고루 성장시키는 것이 중요하다. 한 영역에서 문제가 생기면 그것을 해결하고자 노력해야지, 그러지 않으면 그 영역이 학습에 영향을 주어 결국 낮은 학습 수행 결과를 보이게 된다는 것이다. 이를 '학업의 최소량 법칙'이라 부른다.

앞으로의 학습에서는 사실 남들과 똑같이 배우는 지식에 중점을 두지 않는다. 지금까지를 '지식의 세대'로 여겼다면 앞으로는 '역량의 세대'라 할 수 있다. 과거 대입이 학력고사 형식일 때 지식 수준의 검증을 하였다면, 현재는 역량 수준의 검증을 한다. 역량은 독해력, 추론 능력,

논증 능력이라고 말하고 있다. 동시에 창의적 사고가 필요하다. 나의 생각과 논리, 시각을 밝힐 수 있어야 한다.

그런데 이러한 미래형 인재는 누구나 되는 것일까? 스피치 대가 김미경 씨의 비유가 참 재미있다. 미술 잘하는 것, 노래 잘하는 것, 춤 잘추는 것 등은 모두 재능으로 본다. 그런데 공부는 어떠한가? 그녀는 공부도 재능이라는 말한다. 단지 태도가 부족해서, 노력이 부족해서 공부를 못하는 것이 아니라는 것이다. 참으로 동감하는 바이다.

20퍼센트를 뽑는 시대에는 정말 공부에 재능이 있는 학생들이 대학을 다녔다. 80퍼센트가 대학을 가는 이 시대는 뭐라 말할 수 있나? 공부에 재능이 있는가와 상관없이 대학 졸업장이 필요해서 가는 것이다. 공부에 재능이 없는 아이들도 공부를 해야 하니 얼마나 힘들겠는가? 정말 중요한 것은 내 아이의 재능이 무엇인지 아는 것이다. 모두가 공부에 재능이 있을 수는 없다는 것이다. 사춘기 자녀의 재능을 찾아주려고 노력하는 것이 공부만 하느라 미래를 준비하지 못하는 것보다 더 현명하지 않을까 싶다.

학부모가 아닌 부모의 역할을 강조하는 공익광고가 화제가 된 적이 있다. 우리나라에서 학부모 역할은 정말 어렵다. 학부모 역할을 배우는데 열을 올리다가 정작 중요한 부모 역할을 놓치기도 한다. 그렇다 보니 부모 역할에 대한 혼돈도 많아진다. 이 둘을 합쳐서 제시해주는 곳이 없다. 부모가 스스로 만들어가야 하는 게 이 시대 사춘기 부모의 현실이다.

학부모 역할을 강조하는 학원의 정보 탐색에 그치지 말고 부모 역할을 배우기 위한 노력도 해야 한다. 사춘기 자녀를 이해하는 데 도움이 될 만한 강연들을 자주 들으러 가길 바란다. 관심을 갖고 살펴보면 학교나 지역사회에서 하는 무료 강의도 눈에 많이 띈다. 들으면서 깨달음이 생기고, 그러면서 변하려는 행동이 생기는 것이다. 사춘기 자녀를 돕는 다양한 책을 읽어도 좋겠다.

다른 건 부모 마음대로, 공부는 혼자 알아서?

부모가 주도하는 자기 주도 학습

언젠가부터 광고에서도 '스스로 학습'을 강조한다. 알아서 자기 공부를 척척 하기를 바란다. 그런데 이런 '자기 주도적 학습'이 가능하기 위해서는 먼저 갖추어야 할 조건이 있다. 바로 '일상생활에서의 주도적 태도'이다. 즉 평상시에 주도성을 갖고 자기 생활을 영위해본 경험이 있는 아이가 공부도 자기 방식대로 잘할 수 있다.

그런데 부모들은 공부 외의 많은 부분을 부모가 대신 해주면서 유독 공부만큼은 아이 스스로 하기를 바란다. 정말 아이러니한 부분이다. 더구나 자기 주도적 학습이 중학생이 되었다고 갑자기 가능한 것도 아닌데 모두가 여기에 매달린다. 최근에는 입시에서 자기 주도 성향을 본다고 하니까 이를 가르치는 학원도 생기고 있다. 진정한 자기 주도는 스스로 체득하고 깨닫는 과정을 통해 자기만의 고유한 방법을 찾아가는 것이 아닐까? 이런 깨달음이 어떻게 하루아침에 생길 수 있겠는가? 절대 짧은 시간에 이루어질 수 없다.

중학생들은 부모가 더 이상 공부에 개입하는 것을 원치 않는다. 이는 아이의 자기 주도적 특성 때문이 아니라, 사춘기의 프라이버시 존중 욕구에서 비롯한다. 혼자 하려는 시도가 이렇게라도 나오면 매우 바람직하다. 아이의 자립성을 존중하겠다는 부모들도 공부만큼은 개입하려고 한다. 부모는 공부를 아이 스스로에게 맡겼을 때 나올 결과가 매우 두렵다. 시험 기간이 다가오면 성적 때문에 혼자 공부하는 것을 그대로 두지 않는다. 조금만 도와주면 성적이 오를 것 같은 마음에 아이를 가르치고 싶다. 가정 형편이 되는 경우 전 과목 과외선생님을 붙이기까지 한다. 이렇게 해서 자기 주도 학습을 배울 수 있을까? 혼자서 무언가를 한다는 것이 얼마나 두려운가를 계속 주입시키는 것은 아닐까.

아이의 주도적 학습이 가능해지려면 '시간과 노력'이 필요하다. 혼자서 공부하는 시간을 서서히 늘려가면서 시험 때 혼자서 해보는 모험도 강행해봐야 한다. 다만 예외적으로 사춘기 자녀가 학업에서 도움을 필요로 할 경우에는 적극적으로 함께해주어야 한다. 혼자서 할 수 없는 상태인데 무조건 스스로 알아서 하라고 하는 것도 방치가 될 수 있다. 이런 아이의 경우 좀 더 시간을 두면서 점차적으로 혼자 공부하는 연습을 해야 한다.

자기 주도 학습과 관련된 또 다른 오해는 자기 주도적 학습을 하는 아이들은 언제나 즐겁게 공부할 것이라는 생각이다. 그래서 공부하다 짜증을 내거나 불평하는 아이를 이해하지 못하는 부모가 많다. 나 또한 공부만 시작하려면 툴툴거리고 조금 하고는 너무 지겹다며 신경질을 내는 아이의 모습이 싫어 윽박지르기도 한다.

"방에 들어간 지 얼마나 됐다고 나와? 그 정도도 집중을 못하면서 무슨 공부를 하겠다고 해!"

"목이 말라서 물 마시러 나왔다고."

"공부하기 싫으니까 핑계는! 그렇게 왔다 갔다 시간 다 잡아먹고 한 시간 공부했다고 할 거지?"

이것저것 투정부리는 모습에 공부 안 하려고 핑계거리만 찾는 것으로 여겨져 아이에게 핀잔을 주었다. 그랬더니 어느 날인가 드디어 아이도 반박을 하기 시작했다.

"그럼 말도 못해? 힘든 거 이렇게라도 풀고 좀 하면 안 돼?"

자기가 방에서 나오는 것이 그렇게 싫으냐고 오히려 내게 뭐라 한다. 또 한 번 아차 싶었다. 아이는 단지 힘들어서 내게 위로받고 싶은 거였는데……. 집중을 잘해야 한다, 즐겁게 공부해야 한다 등의 틀에 박힌 생각 때문에 아이의 마음을 자꾸 무시했다. 아마도 즐겁게 공부하기를 바라는 내 마음속에는 즐겁게 공부하면 아이가 좀 덜 힘들지 않을까 하는 마음과, 그래야지 공부를 시키는 엄마도 덜 미안할 것 같은 마음이 있었던 것 같다.

그런데 짜증을 내고 힘들다 불평하는 소리를 들으면 '알아서 혼자 공부하기는 다 틀렸군', '공부 안 하려고 저러지'라는 부정적 생각에 기분이 확 상하면서 동시에 아이가 행복해하지 않은 모습이 내 탓인 양 여겨져 불쾌한 감정이 드는 것 같다. 하지만 사실 아이들은 말로라도 그렇게 표현하면서 부모에게 자기 힘든 것을 이해받고 싶을 뿐이다.

그래서 난 생각을 바꾸기로 했다. 아이 스스로 공부가 재미있다는 것을 느낄 수 있도록 돕되, 아이가 힘든 공부를 얼마나 참고 견디며 하고 있는지를 이해해주기로 다짐했다. 그랬더니 아이의 투정에 대한 나의 반응이 한결 부드러워졌고, 아이도 여전히 툴툴거리긴 하지만 그 강도가 약해졌을뿐더러 시간이 점점 짧아졌다.

어떻게 아이가 혼자 공부할 수 있도록 할까

사춘기는 부모의 개입을 점차적으로 줄이고 스스로 공부하는 시기다. 그래서 혼자 공부하는 연습이 필요하다. 진정한 자기 주도 학습을 위해서는 자녀 스스로 시행착오를 겪으며 배우고 깨달아갈 수 있는 기회를 부모가 먼저 주어야 한다. 남이 가르쳐준 것은 금방은 효과가 보이지만 곧 잊는다.

자녀가 학습에서 선택하고 결정할 수 있도록 끊임없이 대화를 나누며 같이 방향을 찾아가야 한다. 남한테 좋다고 내 아이에게도 좋을 것이라는 생각에 일방적으로 대화를 하는 것이 아니라, 자녀가 원하는 학습 방식과 환경을 찾도록 상호 대화를 통해 자녀가 선택하고 결정했다는 느낌이 들게 해야 한다.

아이가 좀 우기면서 자기 방식을 고집할 때는 그대로 따르는 편이 낫다. 그래야 스스로 선택한 것을 완성하려는 책임감도 배울 수 있다. 내가 만난 대학 초년생들의 경우, 사춘기 때 부모와 겪은 갈등에서 부모가 자신을 믿어주고 자기의 의견을 들어준 데 얼마나 고마워하는지 모른다. 자기 스스로 선택했기에 더욱 잘해야 한다는 책임감이 크게 느껴졌으며, 그래서 남보다 더 열심히 열정적으로 살고 있다고 한다. 나는 이들의 고백을 들으면서 자녀의 자율성을 인정하고 따라주는 것이 아이의 인생에서 얼마나 중요한지를 더욱 절감할 수 있었다.

혼자 학습하는 것에 강한 신뢰를 갖게 된 또 다른 계기는 고등학생들에게 자기 주도 학습을 가르치는 선생님인 한 지인의 경험을 통해서다. 그분의 이야기에 따르면, 사교육에 의존해온 아이는 고등학교의 학업 과정에서 자신 없는 모습이 많다. 중학교와는 또 다른 고등학교 학습에서 생각하기 과제를 갑자기 많이 하려니 참 힘겨워한다는 것이다.

이에 비해 혼자 공부했던 아이는 오랜 시간을 들여 스스로 생각하는 연습을 해서인지 고등학교에서도 어떻게든 해결해보려는 모습이 많고, 실력에서도 더 이상 뒤지지 않는 모습을 보인단다. 또한 혼자 공부한 아이들이 학습에서 자신에 대한 이해도도 높다고 한다. 어떤 공부를 어떻게 하는 것이 자신에게 유리한지를 이미 알고 있고, 그래서 과제를 다루는 태도나 과제 수행을 위해 계획하고 검증하는 과정도 잘 형성되어 있다고 한다. 이는 즉 '상위 인지(meta-cognition)' 능력이 좋다는 의미인데, 학습의 내용과 학습하는 자신에 대한 이해가 높다는 것이다. 이런 상위 인지 능력이야말로 오랜 시간 혼자 학습하면서 터득하는 자신만의 노하우다.

사춘기 자녀에게 자기 주도 학습을 연습시키면서 빨리 결과를 보려 하지 말자. 어떤 영역에서든 베테랑이 되려면 적어도 10년 이상의 시간이 걸린다. 중학교 과정에서 조급하게 어떤 결과를 얻으려 말고 좀 더 길게 보자. 특목고처럼 특성화된 학교가 목표가 아니라면 좀 길게 보고 고등학교에서 진짜 승부를 잘 낼 수 있게 돕는 게 현명하지 않을까? 하지만 불안한 부모들은 이렇게 말한다.

"고등학교 가서 하려면 이미 늦었다고요."

물론 늦게 시작해서 따라잡는 게 쉽진 않을 것이다. 하지만 하고 싶은 것이 분명한 사람, 하고 싶다는 마음이 자발적으로 생긴 사람은 결국 자신의 습관도 바꾸면서 자기 것을 이루어낸다. 다만 남녀의 차이가 좀 있다. 여자아이의 경우에는 뒤늦게라도 공부를 하려는 마음이 생기지 않는 경우가 종종 있다. 그래서 평소의 태도를 유심히 보는 게 필요하다. 평소 학습에 대한 관심과 꾸준히 하는 습관이 잘 형성되어야 고등학교까지 이어갈 수 있다. 그렇지 않다면 학습보다 다른 영역에서의 재능을 찾아보는 게 좋다.

여자아이들은 남자아이들처럼 마음을 확 바꾸어 변화되는 경우가 많지 않다. 이는 앞서 말했듯이 자기 마음대로 하려는 성향 자체가 남자에게 좀 더 많기 때문이다. 그래서 목표가 생기면 몰입하고 집중해서 이루려는 것도 남자에게서 더 강하게 나타난다. 발달면에서도 중학교 때는 여자아이들의 성숙이 더 빠르지만 고등학교에 가면 남녀 발달 수준이 거의 비슷해지면서 똑똑한 남학생이 많아진다. 하지만 이는 일반적 모습일 뿐 개별적으로는 또 다를 수 있으니 내 아이의 유형을 잘 이해하고 돕는 게 필요하다. 아이의 학습 유형을 잘 모르겠다면 학습 유형 검사 등을 해보는 것도 도움이 된다.

다양한 교육 형태의 대입 제도나 사회에서 요구하는 미래 인재형은 단지 스펙이 많은 사람이 아니다. 내가 존경하는 목사님은 "스펙이 아닌 스토리를 만들어라"라고 말씀하신다. 그 스토리가 다른 사람에게 감동과 공감을 줄 수 있어야 하는데, 이를 위해서는 혼자서 해보고 고민하고 만들어가는 기회가 중요하다는 것이다.

결국 자녀의 자율성이 학습에서도 똑같이 요구된다. 자율성을 통해 자신만의 실행 능력을 키워야 한다. 실행 능력은 실제 경험하면서 느끼고 깨달은 능력들이다. 나는 '모든 경험에서 배울 게 있다'는 말을 좋아한다. 이를 다르게 표현하면 실행 능력을 쌓으라는 말이다. 혼자 학습을 통해 자기만의 공부 방식을 찾고, 그것을 남에게 잘 전수할 수 있으면 된다. 그래서 다른 사람을 가르치는 경험도 중요한 공부이다.

동기 부여를 위해서 꿈꾸는 연습하기

학습 동기를 일으키기 위해서는 내적 동기가 필요한데, 아이가 공부하고자 하는 이유를 자기 안에 답으로 갖고 있어야 한다. 공부와 꿈(vision)을 연결해서 아이 스스로 답을 찾도록 하는 것이 중요하다. 그

답에는 자기가 원하는 직업이 있다. 즉 앞으로 하고 싶은 일이다.

내가 정기적으로 상담을 가는 중학교에서 아이들과 꿈에 대한 이야기를 나눈 적이 있다. 어릴 적 꿈과 현재 꿈의 변화나 그렇게 바뀐 원인에 대해 말해보라 했는데 전문직 의사, 교수, 법관 등이 꿈이라는 아이가 꽤 많았다.

"왜 교수가 되고 싶니? 공부하는 게 좋아?"

"아니요. 부모님이 교수 되래요. 교수는 안정된 직업이면서 존경도 받으니까요."

많은 아이가 자신이 원하는 꿈이 아니라 부모의 꿈을 대신 꾸고 있었다. 그런데 막상 중학교 와보니 공부하기가 정말 힘들어 포기했다거나, 자신이 원한 게 아니라 부모님이 원하는 꿈을 가졌다가 이젠 그러고 싶지 않아 바꾸려 한다고 말했다. 꿈은 아이 자신이 원하는 것이 되어야 한다. 부모가 강요하는 꿈은 내적 동기를 일으키는 데 한계가 있다.

깜짝 놀랐던 점은 꿈이 없다고 말하는 아이도 생각보다 많았다는 것이다. 원래 없었다는 아이도 있고, 있었는데 포기하고 지금은 꿈이 뭔지 모르겠다고 하는 아이도 있었다. 꿈이 없으면 하고픈 게 없어서 태도가 성실하지 않고, 좀처럼 뭔가를 하려고 노력하지 않는다.

그래서 사춘기 자녀가 꿈을 잘 만들어갈 수 있게 도와야 한다. 꿈을 만들어야 한다는 강박으로 아이가 꿈이 없는 자신에 대해 불안을 느끼게 하지는 말자. 꿈을 찾기 위한 노력을 계속 하면 된다. 뭔가를 결정하기 힘들어하는 아이들도 있기 때문이다. 여기에는 여러 가지 이유가 있다. 꿈을 꿀 수 있는 심리적 여건이 아니던가, 꿈에 대해 진지하게 이야기해본 적이 없던가, 꿈을 꿀 수 있을 만큼 여유롭게 스스로를 생각해 볼 시간이 없는 것도 아이들이 자기의 꿈을 만들지 못한 이유이다.

지금 잘하는 영역에 관련된 꿈을 갖는 것보다 자기가 하고 싶은 영역에서 꿈을 찾게 하는 것이 학업에 더 도움을 준다. 아이들은 좋아하는 것을 더 열심히 한다. 하고 싶다는 마음이 들면 어려워도 참을 수 있다. 좋아하는 것을 이루기 위해 공부가 필요함을 느껴야 스스로 공부하려는 마음이 생긴다.

좋아하고 하고 싶은 것을 이루기 위한 꿈 노트를 하나 마련해주자. 그곳에 자기가 꿈꾸는 것을 기록하고 보는 기회를 주면, 그 꿈을 이루기 위해 좀 더 행동으로 옮기려는 의지가 생긴다. 노트엔 자신에게 부정적 메시지보다 긍정적 메시지를 적게 한다. 일종의 마인드 컨트롤(mind control)로 자신의 뇌를 그렇게 믿도록 속이는 것이다. 그러면 마음도 그렇게 느낀다.

진정한 부모 노릇

마지막으로 부모는 자녀가 주인공인 연극에서 감독과 시나리오 작가가 되지 않기를 바란다. 특히 학업과 관련된 부분에서 지나치게 모든 것을 부모의 계획대로 하기를 원할 때가 많다. 자녀의 능력 수준, 사회적 상황, 경제적 현실을 모두 고려해야 하는 시대이다. 자녀의 교육에 투자하는 중요한 순간이 언제일지를 생각해야 하고, 교육비에 대한 경제적 개념도 필요하다.

내 아이에게 필요치 않은 선행학습으로 시간과 돈과 힘을 많이 낭비하고 있지 않은지 살펴볼 일이다. 학원을 가고 선행학습을 한다고 모든 아이가 공부를 하는 것도 아니다. 그냥 가방만 들고 친구 만나러 가는 아이도 얼마나 많은지 모른다. 학교에서 친구들끼리 답지를 보고 학원 숙제를 하는 아이들을 보면서 내 아이도 그런 건 아닌지 섬뜩해지기도 했다.

이는 단지 내 아이가 남들처럼 해야 할 것 같은 데서 오는 부모의 심리적 안심일 뿐이다. 자녀를 위한 바른 학업 방법을 위해 고민해야 한다. 그것이 진정 부모의 역할일 것이다. 어느 광고처럼 똑같지 않은 아이에게 똑같은 방법을 고집할 수는 없으니까 말이다.

우리 어릴 때는
안 그랬어

사춘기 아이들을 꾸중하기가 무서운 현실

얼마 전 참 안타까운 뉴스를 접했다. 7살 아들을 둔 아빠가 옆에 지나가는 중학생들이 거리에 함부로 침을 뱉자 그러지 말라고 충고했다. 그런데 왜 참견이냐며 오히려 반격하는 아이들과 실랑이를 벌이다가 넘어져서 바로 즉사하고 말았다. 청소년들을 훈계하려다 오히려 당한 어른들의 이야기는 한둘이 아니다. 지하철에서 떠드는 아이들에게 조용히하라고 했다가 봉변을 당한 아저씨, 담배를 피우는 아이들에게 몸에 좋지 않으니 피우지 말라고 했다가 자기들 일에 왜 간섭이냐고 대들어 큰싸움이 나 경찰서로 연행된 이야기 등 사춘기 아이들과 연관된 사건은 수없이 많다. 이젠 사춘기 아이들을 꾸짖는 행동은 피해야 할 일이 되고있다. 그래서 중학생들이 모여 있으면 어른조차 피하게 된다.

나는 이 어른들의 마음이 이해가 간다. 아마 자식 같은 아이들이 잘못한 행동을 고쳐주려 했을 것이다. 그래서 바른 삶을 살도록 훈계하는 것이 어른의 역할이라고 여겼다. 그런데 시대가 바뀌었다. 아이들이 더 이상 어른들의 말을 듣지 않으려 한다. 듣기는커녕 이렇게 말하는 것을 간섭이라 여긴다. 왜 남의 일에 참견하느냐는 식이다. 이런 모습을 지금의 어른들은 이해하기가 힘들다. 자신들과는 너무나 다른 아이들의 생활 태도가 다 엉망인 것 같고, 잘못되었다는 생각만 든다.

이런 생각이 드는 것은 우리나라의 전통적 유교 사상 때문이 크다. 장유유서(長幼有序)라 하여 웃어른에 대한 공경이 중요한 덕목이었지만, 서양의 개인주의 사상이 들어오면서 우리의 공동체 의식이 약화되었다. 더 이상 씨족 구성은 없다. 나 아닌 사람을 챙길 이유도 간섭할 이유도 없다. 집단적 가족 의식이 사라지고 핵가족화되면서 나의 집 울타리를 넘어서면 남이다. 이런 환경에서 자란 요즘 아이들에게는 더더욱 개인주의가 뿌리박혀 있다. 여기에 사춘기적 반항으로 어른에 대한 거부감이 증폭되면 상황은 더욱 심각해진다. 이런 세대 간의 갈등은 밖은 물론 집 안에서도 고스란히 나타난다.

나 어릴 적과는 너무 다른 아이

중학교 3학년 원형이는 아빠와 이야기를 안 하고 지낸 지 1년이 넘었다. 원형이는 아빠의 고리타분한 이야기에 진저리가 난다. 매번 반복되는 말은 옛날 타령이다.

“ '배부르니 딴 생각만 한다, 아빠가 어떻게 살아왔는데 너는 이것도 못 해내냐, 아빠 어릴 때는 이런 거 없어도 잘만 했다' 하면서 아빠가 살던 시대랑 제가 사는 시대가 다른데 자꾸 비교해서 말하는 게 답답해요. 물건 하나 살 때마다 잔소리가 어찌나 심한지. 뭐 사 달라고 하면 이유도 듣기 전에 학생이 그런 게 왜 필요하냐며 언성부터 커져요. 일일이 설명하자니 아빠에게 구걸하는 느낌이 들어 싫어요. 그렇다 보니 아빠와 더 이상 대화하고 싶지도 않아요.”

원형이는 아빠랑 같이 밥 먹는 것도 피하고 가능한 한 아빠와 부딪히지 않으려 한다. 아빠도 그런 원형이가 못마땅해 보기만 해도 화를 낸다. 엄마는 중간에서 서로 부딪히지 않게 하려고 신경 쓰다 보니 피가 마를 지경이란다.

아빠는 어려운 가정에서 자수성가한 사람이다. 시골에서 열심히 공부해서 가문에 영광을 만든 사람이다. 소위 개천에서 용이 난 경우다. 그런 아빠는 어린 시절 가난하고 힘든 살림에 늘 아끼고 아끼는 게 몸에 배었다. 이런 생활로 지금 집도 마련하고, 가정도 어느 정도 일군 가장이 되었다. 원형이가 태어났을 때 아빠는 원형이만큼은 정말 남부럽지 않게 해주고 싶었다. 원형이 할아버지가 원형이 아빠에게 엄하셨기에 늘 어려웠던 부자 관계를 보상이라도 받고 싶었다. 그래서 원형이 아빠는 원형이와 좋은 관계를 만들고자 자신이 어린 시절에 못 가져본 것들을 아이에게 다 해주려 했다. 어린 원형이가 기뻐하는 모습에 아빠는 늘 만족스러웠다.

그런데 원형이가 사춘기에 이르러 말도 듣지 않고 점차 갈등이 많아지면서 아빠는 참기 힘들어졌다. 자꾸 사 달라는 게 많아져서 못마땅하다. 무엇보다 스마트폰이나 최신 컴퓨터 기기에 대한 원형이의 욕심은 끝이 없다. 친구들끼리 놀러 갈 때도 돈 씀씀이가 장난이 아니다. 그런데 성적은 아빠가 기대하는 만큼 따라주지 못한다. 반항하는 아이를 보면서 아빠는 아들에게 마음이 냉정해졌다. 그래서 아들에게 풍족히 주었던 태도를 180도 바꿔버렸다.

"저는 어릴 때 갖고 싶고 먹고 싶은 것이 있어도 꾹꾹 참고 지냈는데, 원형이는 왜 그런지 모르겠어요. 저 어릴 때랑 비교하면 얼마나 풍족하게 지내는데 고마운 줄도 모르고 불평만 해대니. 사내자식이 그렇게 참을 줄을 몰라서 어떻게 하려는지."

자신은 그렇게 어렵게 지내며 지금 이 자리까지 왔는데 불평만 하는 원형이가 문제로만 보인다.

원형이 아빠는 어렵게 살아온 자신의 보상 심리로 자녀만큼은 돈 때문에 고통을 받게 하고 싶지 않다. 그러나 사춘기 원형이가 아빠를 거스르기 시작하자 태도가 달라졌다. 원형이 아빠 자신이 부모와의 관계에서 절대 순종적이었던 데 비해 반항하는 아들의 모습을 견딜 수가 없었던 것이다. 자기 세대와 다른 아들의 행동을 이해하고 싶지도 않다. 그래서 원형이 할아버지보다 더 지독하게 아들을 냉대했다. 원형이 아빠의 사춘기적 상처가 그만큼 컸던 것이다.

중학교 2학년 민희는 엄마가 자신을 늘 혼자 두는 것이 불만이다. 그래서 엄마에게 투정도 많이 부리고 함께하자는 요구도 많았다. 하지만 민희 엄마는 이런 민희가 귀찮기만 하다. 왜 혼자서 할 생각은 못하고 늘 엄마에게 이렇게 붙어 지내려는지 모르겠다.

민희 엄마는 어릴 때 혼자서 잘 지냈다. 주위 사람들이 민희 엄마 같은 아이만 있으면 열도 키우겠다고 했다. 늘 알아서 잘했다. 그 시대에는 부모들이 사는 데 바빠서 일일이 아이들 챙기고 보살필 정신이 없었기에 민희 엄마처럼 스스로 알아서 할 수밖에 없는 경우가 많았다. 아침이면 부모님 모두 일하러 나가서 밤늦게 들어오시고, 언니 오빠도 바빠서 민희 엄마는 늘 혼자였다. 민희 엄마는 자신의 아이들에게도 스스로 하게끔 도와주려고 했다. 그런데 민희는 그것을 별로 원치 않았다. 민희 엄마는 그런 아이가 답답하다.

민희는 엄마와 마음을 나누고 싶은데 엄마는 민희 마음에는 별로 관심이 없다. 민희 엄마는 자신의 친정 부모도 자신에게 해준 것 없어도 잘 지냈는데 왜 민희는 이러는지 모르겠다.

"아니, 우리 어릴 때 일일이 아이들의 감정을 받아주던 부모가 어디 있었어요. 그래도 다들 알아서 잘 컸잖아요. 우리 엄마에 비하면 저는 민희한테 훨씬 더 신경 쓰고 있어요. 그런데 뭘 더 해 달라는 건지. 뻔히 엄마가 바쁜 거 보면서도 자기만 바라봐 달라 하니 너무 자기밖에 모르는 이기적인 아이인 것 같아 걱정이에요. 혹시 아이에게 문제가 있나 싶어 자꾸 아이를 나무라게 되네요."

민희는 민희대로 엄마가 자신의 마음을 몰라줘서 너무나 외롭고 힘겹게 지내고 있다. 가족과의 유대감이 매우 약하며 의지할 상대를 찾지 못해 우울해하고 있다. 그래서 친구에게 의지한다. 민희 엄마는 그런 민희가 못마땅하다. 공부도 제대로 하지 못하고 친구 타령하면서 친구와의 갈등을 반복적으로 말하는 민희가 피곤하기만 하다.

부모 세대와 다른 자녀 세대

원형이 아빠나 민희 엄마 모두 자신의 세대에 비추어 자녀를 본다. 그러니 마음에 들지 않고 아이에게 문제가 있는 것처럼 여겨진다. 엄연히 세대 차이가 존재한다. 부모의 부모, 즉 조부모 세대는 전쟁을 경험하면서 폐허 속에서 살아남기 위해 고군분투했다. 제대로 먹고 입고 누리고 사는 것은 꿈꾸기도 힘든 세대였다. 자녀가 태어나면 저절로 자라는 것으로 여기던 시절이다. 이후 부모 세대는 새마을운동 등과 함께 빠른 경제 성장을 이루기 위해 매진했다. 그 결과 우리나라는 개발도상국에서 빠르게 성장하였다. 부모 세대에는 잘 먹이고 잘 교육시키면 부모로서 가장 큰일을 했다고 여겼다.

지금 원형이와 민희는 경제 발전이 안정 궤도에 올라 선진국에 이른 시대에 살고 있다. 부모는 자신들의 세대에 넉넉하지 못했던 경제적 부분을 보상하듯 아이들에게는 꽤 풍족하게 해주는 편이다. 하지만 경제적 궁핍감이 별로 많지 않은 현 시대의 자녀들은 부모에게 마음을 요구한다. 이에 부모는 자신이 그렇게 살지 않아 어떻게 해주어야 할지도 모르겠고, 왜 그렇게 해 달라고 하는지도 모르겠다. 민희처럼 정서적 민감성을 요구하는 아이들의 모습에 부모는 당황스럽다. 또한 원형이처럼 개인주의가 많은 아이들의 모습에 부모는 권위가 떨어지는 것 같아 몹시 못마땅하기도 하다.

지금 세대의 아이들은 분명 우리 세대보다 어른들의 말을 더 귀담아 듣지 않으려 한다. 그만큼 웃어른 공경이나 공동체의 삶이 줄어든 것이다. 그런 아이들에게 모르는 어른이 하는 훈계는 사생활 간섭으로밖에 해석되지 않는다. 무엇보다 지금의 아이들은 자신을 꾸짖는 것을 견디기 힘들어한다. 그래서 가급적이면 친절하게 말해야 한다. 그러지 않으면 싸울 기세다. 부모 세대에서는 꿈도 꿀 수 없는 일이다. 부모 세대는 어른들의 고압적 태도와 말투를 당연시 여겼는데, 자녀들 세대는 그것을 이해할 수도 없고 받아들이려고도 하지 않는다.

그러면서 아이들은 함께하는 것을 원한다. 그래서 각자 그룹을 만들려 하고, 그룹에 못 껴 왕따가 되거나 따돌림을 당하는 경우가 생긴다. 특히 사춘기 아이들에게 그룹은 중요하다. 그런 거 신경 쓰지 말고 다른 친구랑 놀면 되지 않느냐고 해도 아이는 마음을 접기가 쉽지 않다. 부모 세대에는 없던 모습이다. 왕따를 본 적도, 그런 환경에서 살아본 적도 없는 부모가 따돌림을 당하는 아이의 심정을 알 수 있을까? 친구 때문에 학교에 가지 않겠다는 아이가 답답하기만 하다.

부모가 자기가 살던 시대로 현 시대의 아이들을 이해하면 갈등이 생기기 마련이다. 이미 다른 틀에서 살고 있는 자녀를 자신의 틀에 끼워 보면 다 문제 행동으로밖에 해석되지 않는다. 부모가 보기에 지금 사춘기 자녀가 보이는 이상 행동은 아주 당연하고 자연스러운 모습이다. 이는 다른 것이지 틀린 것이 아니다. 요즘 아이들만 문제가 있는 게 아니다. 문제아는 부모의 세대에도 있었다. 단지 세대가 달라져서 부모 눈에 문제처럼 보일 뿐이다.

부모는 아이가 뭘 추구하고 어떤 것에 관심을 갖는지 등 사춘기 자녀 세대의 흐름을 읽는 노력이 필요하다. 그러지 않으면 자녀가 부모에게 "나만큼 이렇게 반항하지 않는 아이도 없을 거예요" 하는 말을 이해할 수 없을 것이다.

나의 사춘기는 어떠했을까?

부모도 사춘기를 겪었다. 부모인 나의 사춘기는 어떠했나? 핑크빛인가 아니면 몹시 괴로워 떠올리기도 힘든가? 사춘기 자녀를 이해하기 위해 먼저 자신의 사춘기를 떠올리기 바란다. 나름 굉장히 힘들고 어렵게 지냈을 사춘기를 이미 우리는 망각했다. 부모가 어떻게 사춘기 자녀를 바라보는지는 자신의 사춘기에 대한 생각이 영향을 준다. 곰곰이 생각해보면 지금 내 자녀가 보이는 사춘기 모습이 나보다 더 나을 수도 있다. 그렇다면 사춘기 자녀에 대해 좀 더 여유로워질 것이다. 하지만 내 자녀가 나보다 더 심하다고 느낀다면 다소 불안해질 것이다.

나 또한 내 아이의 사춘기 여러 증상을 보며 기겁하기부터 했다. '나는 저러지 않았는데'라는 생각이 우선되었다. 그리고 매우 이른 나이(초등 5학년)에 생기는 다양한 반응을 준비되지 않은 엄마로서 받아들이기가 참 힘들었다. 아니 이렇게 어린 아이가 뭘 안다고 저러나 싶고, 공부하기 싫어하는 꾀인 줄로만 여겼다. 그래서 초기에는 사사건건 서로 다투는 일이 많았다. 그런데 아이의 신체에 변화가 오면서 '아, 사춘기의 시작 신호였구나' 하고 깨달았다.

사춘기 시작이 빨라졌다. 그래서 '나는 저 나이에 저러지 않았지'라는 생각 자체가 옳지 않다. '나도 내 부모에게 이렇게 했을까? 난 안 그랬을 텐데'라고 생각했지만, 이건 나의 착각이었다. 사촌 동생이 내가 사춘기 때 나의 부모에게 신경질적으로 대했다는 얘기를 우연히 해주어서 알았다. 난 나의 사춘기를 그럴듯하게 포장하여 기억하고 있었다. 나도 내 부모에게 철부지 못된 사춘기 자녀였으면서……. 내 부모님이 나를 받아주고 견뎌주셨듯이 나도 내 아이를 받아주고 기다려주면 잘 지나가겠구나 하는 믿음이 생긴다.

세대 차이를 극복한다는 것은

나 또한 사춘기 아이들을 만나면서 이러한 세대 차이를 경험한다. 상담을 하면서 가장 어려운 때는 내가 접해보지 못한 경험을 하는 사람들을 만날 경우이다. 그들이 말하는 낱낱의 일상이나 고통에 공감하는 게 참 힘들다. 치료적 자아를 이용한다고 해도 진심 어린 공감은 뒤떨어질 수밖에 없어 미안하기도 하고, 상담가로서 자질이 부족한가 싶어 자책하기도 한다. 그런데 상담 경력이 쌓일수록 내가 경험하지 못한 선(先)세대보다 오히려 변화하는 후(後) 세대를 이해하기가 더 어려울 수 있음을 새록새록 깨닫는다.

영아기부터 초등학교 시기까지의 경험은 부모가 중심이 되는 관계이기에 아이들의 문제를 볼 때 큰 이론적 틀에서 벗어나는 경우가 그리 많지 않다. 그만큼 예측 가능하고 도울 수 있는 실제적 방법도 준비된 것이 많다. 그런데 사춘기가 오면 문제가 달라진다. 청소년들을 보면서 나도 저만한 때가 있었다고 생각하며 그들의 맘을 이해할 수 있다는 착각을 하곤 했는데, 내 방식대로 그들을 이해하려 했다가 낭패를 본 적이 참 많다.

일단 청소년 그 자체를 이해하고 수용하기가 참 어렵다는 게 나의 솔직한 고백이다. 선 세대에 대한 모름은 내가 경험하지 못해 오는 무지 때문이기에 인정하기 쉽다. 그런데 후 세대에 대한 모름은 내가 이미 경험해서 안다고 자만하는 마음 때문에 내가 모를 수밖에 없는 새로운 변화가 그들 안에 있음을 인정하기가 쉽지 않다. 그들의 새로운 문화나 환경을 이해하기보다는 내 구식의 삶 안에서 그들을 꿰맞춰보려는 경우가 생긴다. 상담가인 나도 지금 10대들에게 세대 차이를 많이 느끼며 그들을 이해하고 소통하기 위해 끊임없이 고민하고 연구하고 있는데, 부모들은 오죽하겠는가.

내가 상담실뿐 아니라 학교와 교회, 기타 다른 기관이나 인터넷 상담실에서 아이들과의 만남을 기꺼이 하려는 것도 그들의 실체에 좀 더 다가가고 싶기 때문이다. 그러면서 그들의 문화와 생각을 좀 더 읽어보려 한다.

자녀가 사춘기가 되면서 갈등이 생겼다는 부모들에게 개인적으로 많이 추천하는 것이 중고등학생을 위한 봉사활동이다. 이런 봉사를 통해 부모들은 다른 아이들의 모습을 보면서 이 시대 아이들의 특성을 읽게 된다. 그러면 우리 애가 그렇게 나쁜 게 아니었고, 오히려 안전한 편에 속한다는 것을 깨닫는다. 내가 만난 교회 및 사회단체의 중고등부 선생님이나 외부 기관에서 중학생의 멘토 역할을 하시는 직장 봉사자들 모두 봉사활동을 통해 자기 자녀를 더 많이 이해하고 품게 되었다고 말한다. 그리고 자녀가 사춘기를 맞으면 아이와 잘 지내기 위해 일부러 이런 봉사를 선택해서 미리 준비한다는 지혜로운 부모도 보았다.

부모가 경험한 사춘기 시기와 자녀가 겪는 사춘기 시기가 비슷할 수도 있고 아닐 수도 있다. 사춘기의 기본적 특성은 비슷할 것이고, 증상은 시대를 반영하기에 차이가 날 수 있다. 다음 장에서는 이러한 사춘기 자녀의 특성과 시대적 특성을 이해하고, 그로 인해 생기는 갈등을 살펴 어떻게 도와주는 것이 좋을지 생각해보자.

"그냥 내 마음대로 하면 안 되나요?"

아이의 변화를 받아들이는 연습하기

아이를 존중할 때가 왔다는 신호, 사춘기

내 아이에게 문제가 생긴 건가요?

"글쎄, 중학교 1학년 아들이 무섭다고 같이 자자며 밤에 불쑥 안방으로 들어온 거예요."

우연히 산책길에서 만난 동아리 후배. 중학교 1학년이 된 아들 때문에 그렇잖아도 나를 만나고 싶었다면서 아이 이야기를 서슴없이 꺼내놓는다. 아이가 정상인지도 궁금하고 엄마 자신도 정상인지 알 수가 없어서 고민했다고 한다.

"아이 방 벽에 아이가 낸 구멍이 몇 개인지 모르겠어요. 아이가 화가 날 때는 엄마한테 욕을 해요. 동생을 자꾸 때리려고 해서 아무리 화가 나도 사람을 치는 건 안 된다고 혼을 내면, 자기 방으로 들어가 물건을 던지고 난동을 피워요. 침대나 벽을 부술 듯이 치고, 그래도 분을 이기지 못하면 자해하려고 해요. 자신의 감정을 어쩔 줄 모르고 난리를 치는 모습을 볼 때면 저러다 무슨 일 저지르지 않을까 싶어 무서울 정도예요."

후배는 이야기가 깊어갈수록 점점 흥분하더니 전쟁 같은 시간들이 정말 힘겹다고 호소한다.

"아들을 둔 엄마들한테 이런 이야기를 하도 많이 들어서 이젠 별로 놀랍지도 않아. 이는 사춘기 아들을 둔 집에선 아주 흔하게 일어나는 일이야."

"그래요? 내 아이만 이상한 건 아니란 말이지요? 난 우리 애가 막가는구나 싶어 누구에게 묻지도 못하고 혼자 속앓이만 하고 있었거든요. 정말 병원이라도 데리고 가야 하나 싶어서요."

눈이 동그래진 후배는 자기 아이만 이상한 건 아니라는 데 좀 안심하는 눈치다.

"아들이 언제부터 그런 모습을 보이던?"

"초등학교 6학년부터 거칠어지면서 화내는 모습이 잦더니, 겨울 방학부터는 공부도 전혀 안 하면서 점점 말을 안 들어요. 그러고는 자기 기분 상하면 불같이 화를 내곤 하는 거예요. 그러다가도 기분이 나아지면 자기가 언제 그랬냐는 듯이 아기처럼 내게 매달리기도 하고 어리광도 부리는데, 도대체 애가 왜 이러는지 싶고 어느 장단에 맞춰야 하는지도 모르겠어요. 아직도 밤에는 혼자 자기 싫다고 엄마와 같이 자려 하는데, 몸은 징그럽게 커서 왜 이렇게 아기 같은 행동은 못 버리는지 모르겠어요. 그래서 아직 사춘기가 아닌가 싶기도 하고, 부모에게 버릇없이 행동하는 걸 보면 사춘기 같기도 하고……."

아이가 무슨 문제가 있는 건 아닌지 걱정도 되고, 이랬다저랬다 하는 아들의 모습이 이해가 되지 않아 답답하다고 한다.

초기 사춘기의 양상

후배가 자기 아들의 초기 사춘기적 양상을 잘 이해하지 못해서 아들의 행동을 문제 행동으로 오해하는 것 같아 몇 가지를 알려줬다. 여기서는 후배에게 알려줬던 그 내용을 좀 더 상세히 풀어 설명해보겠다.

먼저 초기 사춘기 아이들은 예전보다 빨라진 호르몬의 성숙으로 신체적 반응과 함께 감정적 변화를 겪으면서 부모에게 붙었다 떨어졌다 하는 모습을 반복적으로 보일 수 있다. 프로이트는 "사춘기의 가장 고통스럽지만 정신적 성숙을 성취하는 한 가지 과업으로 부모의 권위로부터의 분리"라고 말하였다. 이처럼 사춘기 때는 분리를 원하지만 동시에 분리에 대한 두려움이 있다. 블로스(Blos)는 부모로부터 분리되는 정서적 상실을 '분리의 슬픔'으로 표현한다. 그래서 사춘기 아이들은 감정적인 불안을 많이 겪는다. 부모를 떠나 홀로 서고 싶은 독립에 대한 동경과 함께 미지의 세계에서 홀로 책임지고 이겨내야 하는 막연한 두려움이 생긴다. 그래서 무서워하는 모습이 급증하고, 전에 없이 다시 엄마랑 자려고 하는 모습도 보인다.

후배는 "큰 남자애가 징그럽게 왜 이러는지 모르겠어요"라며 한심스럽게 여겼지만, 부모를 찾는 모습은 초기 사춘기에서 주로 보인다. 그러다 사춘기 절정에 다다르면 부모에게로 향한 애정이 철회되면서 또래에게로 옮겨지고, 부모와의 거리감이 뚜렷하게 나타난다. 그러니 아이가 함께 자고 싶다고 하더라도 너무 억지로 떨어뜨리려 할 필요가 없다. 곧 아이 스스로 떨어진다. 엄마를 필요로 하는 순간 충분히 힘을 얻으면 자연스럽게 엄마에게서 떨어진다.

둘째로 초기 사춘기 아이들은 호르몬에 의해 감정 변화를 심하게 겪으면서 감정의 폭도 매우 넓어진다. 그래서 기분이 좋을 때의 흥분과 귀여운 퇴행 모습도 눈에 띄지만, 기분이 나쁠 때의 화나 짜증이 격하고 충동적이며 공격적인 모습도 심하다. 이러한 격한 갈등의 모습이 일어나는 이유에 대해 두 가지 입장이 있다. 안나 프로이트(Anna Freud)가 말하는 정신분석학적 입장과 최근 새롭게 각광받는 뇌 과학의 입장이다.

안나 프로이트는 사춘기 때 보이는 갈등의 원인을 성적 성숙에 수반되는 정신적 불균형과 내적 갈등 때문으로 설명했다. 본능적 충동이 증가하면서 공격적 충동, 식욕, 나쁜 장난기 등의 범죄 행동도 일어난다. 생애 초기에 있던 본능적 충동이나 반항적 공격성이 사춘기에 다시 부활한다고 보았다. 그래서 모범적으로 지내던 아이들도 자신의 질서 있는 삶을 버리고 무질서한 생활에 빠진다. 다른 사람에게 너그러웠던 아이가 겸손하고 공감하는 모습이 아니라, 냉정하고 심하면 잔인한 모습이 된다.

사람의 자아(ego)는 이러한 본능(id)과 양심 같은 초자아(super-ego) 간의 갈등을 다룬다. 자아가 이 둘의 갈등을 균형감 있게 다룰 때 건강하고 평안하다. 그런데 사춘기가 되어 본능의 욕구가 강하게 올라오면서 그동안 이루었던 개인의 추론 능력이나 양심에 직접적으로 도전을 받게 된다. 본능과 초자아 간의 갈등은 그동안 잠복되어 있던 정신 능력 간의 균형을 깨뜨리고 평화를 무너뜨린다. 청소년기에 본능-자아-초자아의 갈등을 제대로 해결하지 못하면 정서적으로 피폐한 성인이 될 수 있다.

초기 사춘기 때 보이는 급격한 감정 변화는 사춘기 이전의 시기 동안 지나치게 억압된 본능에 대한 불안과 죄책감이 더 이상 견딜 수 없게 되면서 공격적으로 나타나는 것이다. 필립 라이스(F. Philip Rice)는 청소년기의 정서적 안정감을 돕기 위해서는 지나치게 본능적 욕구를 억압하지 않으면서 동시에 초자아를 충분히 발달시키고, 자아가 이러한 갈등을 중재할 수 있을 만큼 강하고 현명하게 되도록 도와야 한다고 말하였다.

또 다른 입장인 뇌 과학에서는 어떻게 설명할까. 뇌 과학에서는 남자 아이들이 더 많이 보이는 감정상의 공격성은 남성 호르몬인 테스토스테론의 영향으로 편도체가 커지기 때문이라 한다. 편도체는 두려움이나 분노 같은 감정과 관련이 있는 뇌의 영역이다. 이러한 편도체가 발달하면서 사춘기 아이들의 짜증이 늘 수밖에 없다고 설명하고 있다.

나탈리 르비살(Natalie Levisalles)은 아이들의 충동성이나 감정 통제의 어려움은 전전두피질과도 관련이 있다고 한다. 전전두피질은 예측, 선택, 충동 억제 등의 역할을 하는 곳으로 우리의 사고나 행동을 통제하고 조합하는 기능을 수행한다. 다른 사람들의 생각을 이해하는 타인 조망 능력에도 영향을 주며, 대뇌변연계에서 발생하는 감정들을 가라

앉히거나 반대로 이를 전달하는 역할도 한다.

그래서 전전두피질을 '교양 있는 행동'의 중추이면서 '기억과 공감, 도덕심'의 중추라 한다. 말하자면 인간을 가장 인간답게 만들어주는 부위가 바로 전전두피질이다. 그런데 이러한 전전두피질은 뇌에서 가장 늦게 성숙한다. 사춘기 아이들이 충동적인 행동을 억제하지 못하고 거친 행동을 하는 이유는 전두엽의 미성숙으로 인한 것으로 보인다. 여자보다 남자가 전전두피질의 성숙이 느리다. 중학교 아들을 둔 엄마들이 몸만 컸지 속은 애 같다며 혼란스러워하는 것은 사춘기 아이들의 아주 자연스러운 성장을 제대로 이해하지 못했기 때문이다.

사춘기는 아이의 존중을 알리는 신호

이 이야기를 듣던 후배는 "휴~ 내 아들이 이상 행동을 하는 게 아니라니 다행이네요"라고 한다. 사춘기 아이의 극히 자연스러운 모습이라는 생각에 안도했는지 후배는 "내 아들의 감정을 보면서 딱 '삼한사온'이라는 생각이 들어요" 하며 호탕하게 웃는다.

"삼한사온이라니?"

"삼일은 기분 좋다가 사일은 엉망이 되는 게 딱 삼한사온 날씨랑 같잖아요."

후배의 묘사를 들으니 사춘기 아이들에게서 보이는 감정 기복을 이보다 더 적절하게 비유할 수 있을까 싶어 무릎을 쳤다.

"맞다, 맞아. 네 말처럼 아이는 지금 삼한사온의 감정 기복 기류를 타고 있으니 걱정 붙들어 매. 다 그때의 자연스런 양상이야."

후배는 그래도 여전히 뭔가 못마땅하다는 듯한 표정을 짓는다.

"아직도 뭐가 걱정인데? 네 맘을 가장 힘들게 하는 게 뭐니?"

"아들의 감정 기류를 알아도 내가 일일이 맞추는 게 정말 힘들어요. 그 감정의 어느 장단 맞춰야 할지도 모르겠어요. 무엇보다 아들의 반항적 태도를 견딜 수가 없어요. 그런 버릇없는 모습이 옳지 않다고 생각하니 아들 교육을 잘못 시킨 건 아닌지 자책하게 돼요. 그렇다고 제대로 대처하는 방법도 모르겠고……."

후배의 말을 곰곰이 듣다가 조심스레 말했다.

"네 뜻대로 아들이 움직여지지 않으니 힘들다는 느낌이 드는구나."

"맞아요, 선배. 제가 아들 눈치 보는 것도 싫고, 내 말에 따르던 아이가 자꾸 거세게 항의하는 데 내가 어쩔 줄 몰라 하는 것도 정말 싫어요."

깊은 한숨을 쉬던 후배는 혼잣말하듯 "아이도 자기에게 억눌렸던 것을 푸는 거겠죠" 하며 중얼거린다.

"이젠 아이를 진정으로 존중해야 할 때가 된 거야."

부모는 아이를 인격적으로 존대한다고 하지만 한편으로는 자기 마음대로 쥐었다 폈다 하려는 경향이 있다. 그만큼 인격적 존중보다는 부모의 소유물로 여기는 마음이 많다. 부모가 원하는 것을 따라와야 한다는 생각으로 사랑하고, 부모 마음대로 아이를 판단하면서 억지로 끌고 가려 한다. 아이와 눈 맞춤이 되지 않은 사랑은 아이에게 상처만 될 뿐이다.

사춘기의 거친 행동 앞에서도 부모가 여전히 눈 맞춤을 꺼리고 아이를 존중하는 태도를 가지지 못한다면, 아이의 행동은 더욱 거세질 뿐이다. 서로가 미워하는 감정만 키우다가 폭발하면 부모는 "그럴 거면 이 집 나가라" 같은 극단적인 말을 하기에 이르고, 아이는 감정을 추스르지 못하고 급기야 부모 말대로 가출을 하기도 한다.

아들을 키우면서 가출만 안 하면 감사하게 여기고 잘 참으라는 말이 있다. 전전두피질의 기능이 미숙한 사춘기 아이는 통제가 되지 않고 충분히 논리적으로 판단하지 못해 가출을 하거나 나쁜 행동에 빠질 위험도 높아진다. 그래서 아이가 화를 내고 충동적이고 공격적인 행동을 보여 엄마의 마음을 아프게 해도 집을 싫어하지 않도록 잘 달래야 한다.

후배에게는 아무리 아이의 행동이 밉더라도 '집 나가라'는 소리를 함부로 해서는 안 된다고 일침을 가했다. 또한 아이가 하는 말 한마디 행동 하나하나에 일일이 반응하려 하지 말라고 충고했다. 기분 나쁘다고 아이에게 직접 화낼 게 아니라 '아이가 호르몬의 영향으로 나에게 저러지' 하고 생각하면서 엄마 자신을 달래주라고 말했다. 아이의 인격이나 성격적 문제로 보고 아이 전부를 비난하면 둘은 감정싸움에 휘말리면서 서로에게 깊은 상처를 줄 뿐이다.

화내는 사춘기 자녀 대처법

나의 충고에 후배는 "그러면 동생을 마구 때리는 것과 같은 행동을 어떻게 제지해야 해요?" 하고 묻는다. "호르몬이던 그 이전에 억눌렸던 감정 때문이건 간에 화가 난다고 사람을 때려서는 안 되는 거 아니에요?"라고 반문한다.

사람을 때려서는 안 되는 것은 분명하다. 아무리 친한 사람이라도 화가 난다고 자기 마음대로 행동해서는 안 된다는 점을 명백히 알려줘야 한다. 그런데 이때 아이의 화를 다르게 표현할 수 있는 대처 방안도 함께 알려주는 것이 중요하다. 하지 말아야 할 행동과 해도 좋은 영역을 알려줘야 감정이 억압되지 않고 제대로 해소할 수 있는 방법을 찾을 수 있다. 방 안으로 들어가 자기 물건을 부수는 것이 가족에게 폭행을 하는 것보다 낫다. 자신의 소중한 물건을 함부로 깨뜨리는 것보다는 샌드백이나 큰 곰인형 같은 것에 마음껏 펀치를 할 수 있도록 하면 더욱 좋다. 함께 밖에 나가 몸 씨름을 하는 것도 좋고, 아이가 안전하게 부수거나 화를 속 시원히 풀 수 있는 방법을 찾도록 돕는다.

"그러면 혹시 이렇게 해주다가 아이가 더 화를 내거나 화내는 게 습관이 되는 건 아닐까요?"

아이가 느끼는 감정은 충분히 인정되고 바르게 표현하도록 해야지, 제대로 표현되지 않을 때의 왜곡된 감정이 더 무서운 것이라고 후배에게 알려줬다. 감정은 습관이 되는 게 아니라 그만큼 내적으로 해결되지 않은 감정이 계속 쏟아져 나오는 것이니 충분히 표현되도록 오히려 격려해주어야 한다.

사춘기 자녀는 부모에게도 엄청난 도전이다. 부모에게는 자신의 방식이 더 이상 통하지 않는 데서 생기는 혼란한 마음을 다스리는 것과 동시에 자녀의 변화를 읽어내야 하는 새로운 과제가 주어진다. 사춘기 아이를 키우는 나뿐 아니라 많은 부모에게 사춘기 자녀에 대한 바른 지식과 이해를 위한 교육이 필요함을 새삼 느꼈다.

아이의 반항은 자라고 있다는 증거

아이에게 미친 듯이 화가 날 때

중학교에서 자존감 및 진로와 관련된 집단 프로그램을 진행하는데, 이를 통해 만나는 아이들이 한 해 한 해 변하는 모습을 보면서 잔잔한 감동을 받곤 한다. 여름 방학이나 겨울 방학이 지나고 키와 외모가 한층 성장하고 행동이나 생각하는 모습이 눈에 띄게 달라지는 것을 보면서 자연스러운 성숙의 힘이 얼마나 큰가도 깨닫는다. 그래서 발달주의 학자들이 유전자에 따른 자연스러운 성숙을 중시 여기면서 잘 자랄 수 있는 환경만 갖추어준다면 아이들은 내적 힘으로 스스로 성장해갈 수 있다고 했나 보다.

하지만 늘 이런 감격만 있는 건 아니다. 아이들의 변화 속에는 거칠어지는 과정도 분명 존재한다. 나름 다양한 아이를 만나면서 청소년을 이해하고 있다고 자부하지만, 막상 내 아이나 학교에서 만나는 아이들의 거친 행동 앞에서 어쩔 줄 모르는 나를 본다. 어디 나뿐이랴. 상담소에 이런 문제를 안고 찾아오는 부모들의 괴로움은 더욱 크다.

한 여중생의 엄마는 "우리 애가 내 말에 발악하며 대드는 모습이나 자신을 바라보는 시선이 어찌나 섬뜩한지 몰라요. 이글거리며 째려보는 눈빛을 보면 내가 계모라도 되는 것 같아 마음이 너무 상해요"하며 충혈된 눈으로 말한다. 초등 6학년 아들을 둔 한 엄마는 "나긋하기만 하던 아들이 말이 짧아지면서 집에선 웃는 모습도 사라진 지 오래예요. 말투가 점점 사나와지고 힘도 세져 이젠 때리지도 못해요. 제가 손으로 치는 협박이라도 할라치면 아이가 제 손을 막는데 힘으로는 어림도 없어요. 이러다가 부모를 치는 행동도 나오는 게 아닐까 싶어 흠칫 무섭기도 하다니까요"하며 자식이 아니라 원수로 바뀐 아들에 대한 섭섭함과 두려움을 표현하기도 했다.

그런 엄마들을 만날 때마다 그들의 마음을 위로하며 아이들을 이해하도록 도왔다. 그런 내가 막상 똑같은 상황에 놓이니 감정 다스리기가 말처럼 쉽지 않다. 내 아이가 엄마 말이 끝나기도 전에 방문을 쾅 닫고 들어갈 때나, 교실에서 대놓고 선생님을 무시하는 아이들의 저항적인 행동 앞에서 온 몸이 부르르 떨리며 감정적으로 흔들리는 건 사실이다.

부모가 자식과의 관계에서 힘든 것 중 하나는 '감정 통제가 되지 않는 상황'이다. 분명 상황에서 발생한 문제는 아주 미미한 것임을 알면서도 아이에게 너무나 거칠게 화를 퍼붓는다. 그때 머리로는 별일이 아님을 알지만, 감정이 말을 듣지 않는다. 주체할 수 없는 감정으로 아이의 마음을 후벼 파는 못된 말이나 행동들이 쏟아지기도 한다. 부모들은 이런 통제되지 않는 감정이 반복적으로 나타나서 자신을 힘들게 한다고 한다.

이는 자동 강박 반복 추구 양상이다. 의지와 상관없이 어떤 순간에 해야만 하는 행동이나 감정들이다. 어떤 특정 상황이 되면 내 감정이 자동적으로 화를 내야 편해지는 모습도 자동 강박의 모습이다. 그렇게 화를 내야만 기분이 가라앉는다고 여긴다.

이 주체할 수 없는 감정은 자녀에게 상처를 주지만 부모나 선생님에게도 죄책감을 준다. 모두에게 패배자 같은 심정을 주기 때문에 이는 반드시 다스려야 한다. 이런 감정을 다스리기 위해 가장 먼저 해야 하는 것이 '구체적으로 어떤 상황일 때 내가 화가 나는가?'를 아는 일이다. 아이의 어떤 모습에 내가 화가 나는지를 구체적으로 알아야 한다. 이때 나와 자녀 사이의 모습을 살피는 제3자의 눈이라고 하는 객관적 자아가 요구된다.

학교에서 만나는 아이들에게 나도 모르게 화가 치밀어 올랐던 경험이 있다. 그래서 부적절하게 아이랑 감정싸움도 하였다. 이러면 안 되는데 하면서도 나를 거슬리게 하는 무언가가 있음을 느꼈다. 아이들을 하나라도 더 품어야 하는 내 안에 어느 순간 독기가 있는 것이 보였다. 이런 미운 감정을 품고 아이들을 대하면 아이들에게 그대로 전해질 거라는 생각에 미안한 마음이 들었다. 이 감정을 풀어야 아이들을 바르게 수용할 수 있을 것 같았다. 그래서 내가 아이들의 사춘기적 반응 중 어떤 모습에 화가 나는지를 객관적 자아를 통해 살펴보기로 했다. 내가 불끈 화가 나는 순간은 바로 아이들이 '거친 행동'을 했을 때였다.

사춘기 아이들의 거친 행동들

대개 사춘기적 반항이라고 부르기도 하는 거친 행동은 초등학교 5~6학년 초기 사춘기 때 부모와 갈등이 생기면서 나타나기 시작한다. 자기 공간과 주장이 강해지면서 부모에게 보내던 한없는 존경은 사라지고, 부모를 보는 눈빛이 달라지면서 대든다. 초등 5~6년의 초기 사춘기 때 나타나기 시작하는 이러한 반항들은 또래 집단 형성으로 더욱 강화된다.

위 형제가 있는 아이들이 자기들끼리 그룹을 만들고 몰려다니는 모습이 나타나는 것도 이 시기부터다. 그룹은 반에서 주류가 되고, 거기에 끼지 못하는 아이들은 비주류가 된다. 여자아이들은 그룹으로 몰려다니면서 자기들만의 색깔을 드러내고 싶어 옷을 같이 맞추거나, 자기네 소속을 알리는 소지품을 만들어 나누어 가지기도 한다.

여자아이들의 사춘기적 반항은 주로 다른 사람을 험담하는 말로 나타난다. 부모나 선생님이 주로 험담의 대상이 되지만, 같이 어울려 다니는 친구들끼리도 누군가 없을 때 서로 험담하는 모습을 보인다. 그러다가 흉본 것을 알아차리면서 그룹이 깨치는 경우도 허다하다. 남자아이들은 주로 운동이나 힘으로 모인다. 잘생기고 운동도 잘하고 거기다 공부도 잘하면 모든 남자의 우상이 된다. 남아들 사이에서는 이런 우상을 중심으로 그룹이 곧잘 형성되는데, 그 우상이 되는 아이가 그룹의 성격을 좌지우지한다. 리더가 반항기가 많다면 아이들을 몰래 괴롭히는 성향을 보일 수 있다.

　그래도 초등학교 때는 이런 그룹의 영향이 절대적이지는 않다. 집단에 끼지 않는다고 반 활동에 지장이 있는 것도 아니고, 각자 독자적인 노선을 걸어도 어렵지 않게 친구들과 화합하며 지낼 수 있다. 이는 웬만하면 담임선생님에 의해 집단의 반항적 행동들이 통제될 수 있기 때문이다. 초기 사춘기 아이들은 아직 선생님을 완전히 무시하는 행동까지는 하지 않는다.

　그래도 초등학교 선생님들 사이에선 6학년이 기피 대상이 되곤 한다. 그래서 주로 신참 선생님이 맡는 경우가 많다. 한 초등학교의 6학년 신참 담임은 아이들이 정말 말을 안 듣자 울면서 호소했다고 이야기한다. 선생님이 오죽 답답하고 속상했으면 울었을까 싶어 안쓰럽다. 하지만 선생님의 이런 모습은 오히려 아이들의 조롱거리가 되며, 부모님께도 신뢰를 떨어뜨리는 결과를 줄 수 있다. 그만큼 초등학교 생활에서는 선생님의 권위나 역할이 절대적이며 아이들에게 미치는 영향이 매우 크다.

　이후 중학교에서는 우선 담임선생님과 아이들 간의 교류가 초등학교에 비해 훨씬 줄기 때문에 선생님의 절대적인 영향이 감소한다. 중학교 집단 프로그램을 하면서 만나는 아이들을 통해 초등학생에서 중학생으로 변하는 한 해 동안 얼마나 거칠어지는지를 확인할 수 있었다. 중학교 1학년 초기에는 아직 초등학생의 분위기에서 벗어나지 않았고 나름 중학교 생활에 대한 긴장감이 유지되고 있어 선생님에게 협조적이고 예의바르며 성실한 태도를 보인다. 그런데 5월 중간고사가 끝나고 수련 활동에 다녀오는 등 외부 활동이 생긴 1학기 후반부터는 아이들이 긴장을 풀면서 자신의 본모습을 드러내기 시작한다. 반 분위기는 거친 아이들의 수가 얼마나 되느냐에 따라 다른데, 거칠어지는 아이들의 모습은 참 다양하다.

가장 대표적인 변화 양상은 쓰는 말이다. 선생님이 있던 없던 자기들끼리의 욕은 기본이요, 성적 표현과 관련된 음담패설도 거침없이 나온다. 감추어진 공격성의 욕구와 성적 욕구가 사춘기가 되면서 그리고 동성의 또래 속에서 더 확대되고 강화되는 모습이다. 한번은 모둠 활동을 위해 조 이름을 정하는데 모든 조가 욕이었던 적도 있다.

실제로 중학교에서 수업을 지켜보며 깜짝 놀랐다. 수업이 시작되었지만 아이들은 교재를 꺼낼 생각도 안 하고 계속 옆 친구와 장난치면서 자기들끼리 떠들었다. 선생님이 수업 시작한다고 아무리 목소리를 높여도 들은 척하지 않는 모습에 '투명 인간' 취급이 이런 거구나 싶은 마음이 들었다. 수업 중에도 마찬가지다. 휴지를 버린다고 아무렇지 않게 왔다 갔다 하지를 않나, 옷을 찾는다며 자기 마음대로 돌아다닌다. 심지어 선생님이 서 있는데 교탁 앞을 가로지르며 지나가는 아이도 있었다. 수업 중에도 집중하지 못하고 자기들끼리 쪽지 돌리고 필통이나 우유곽 등을 던지는가 하면, 앨범이나 연예인 사진 등을 몰래 보고, 물이나 우유를 마시고, 아예 엎드려서 자기도 한다. 시험을 앞두고 책 밑에 다른 과목 책을 깔아놓고 슬쩍슬쩍 공부하는 모습은 애교 수준이다.

심지어는 "아, 이 수업 재미없는데 다른 책이나 봐야지", "재미도 없고 유익하지도 않고 감동도 없고 도대체 왜 들어야 하는 거야" 하며 선생님 들으라는 듯 말하는 아이도 있었다. 마음에 안 들거나 억울하면 "교육부에 고발해야지", "시험이랑 상관없는데"라고 서슴없이 말하기

도 한다. 선생이라는 직업에 대해서 "선생은 개나 소나 다 하는 직업"이
고 비하하는 말도 대놓고 한다.

얼마 전 아이들 사이에 유행처럼 번진 동영상이 있다. 선생님이 칠판
보고 필기하는 동안 아이들이 몰래 춤추는 행동을 휴대전화로 촬영한
영상이었다. 이런 동영상 때문인지 아이들은 선생님 뒤통수에서 과감
하게 딴 짓을 한다. 이런 행동을 주동하는 아이가 다른 친구들도 동조
하도록 협박까지 한단다.

잘못한 행동에 주의를 주면 왜 자기에게만 뭐라 하느냐며 더 삐딱해
지는 아이도 있다. 자신의 잘못은 딱 잡아떼듯 안 했다고 생떼를 쓰는
경우도 있다. 선생님이 "다음 시간에 더 열심히 하자" 하며 문 닫고 나
가자마자 발로 문을 걷어차는 소리를 낸다. 자세가 삐딱해서 바르게 앉
으라니까 멍하니 쳐다보며 세 번째 손가락을 치켜세우며 욕하는 모습
도 보았다.

아무리 아이를 품고 가야 한다지만 최소한 사람으로서 존중받고자
하는 기본적 욕구까지 무시당할 때는 화를 참기 어렵다. 그런데 그 화
를 그대로 표현하면 그야말로 아이들과 '맞짱' 뜨는 격이 된다. '힘겨루
기'로 느껴지면 아이들은 절대 굴복하려 않기 때문이다.

아이들의 반항은 나 때문이 아니라 호르몬 때문

그런데 정말 아이들의 그런 행동이 선생님을 무시하려는 인신 공격
적 행동일까? 결론을 말하자면 꼭 그런 건 아니다. 아이들의 거친 행동

은 선생님의 인격에 대한 모독이나 무시보다는 어른에 대한 저항이다. 선생님에 대한 개인적 공격이기보다는 기성세대에 대한 공격이다.

자기들끼리 잘못된 행동이나 말을 하면서도 선생님에게 전혀 알려주지 않는 것은 나름 집단의 결속력을 높이는 방식이기도 하다. 어른과는 다른 자기들만의 세대를 알리려는 방식이다. 반항적 태도에는 친구들 앞에서 관심을 끌고자 하는 이유도 있다. 자신의 힘을 선생님 앞에서 보이는 것은 그만큼 부모에게서 벗어나려는 사춘기적 본능을 충실히 드러내는 것이므로 그 용기에 아이들은 자극받는다. 그래서 그런 행동을 비난하기보다는 묵인하게 된다. 성인보다는 또래의 준거가 더 중요해지는 시기이기 때문이다.

사춘기의 반항은 그들 내면의 갈등으로 인한 괴로움을 외부 탓으로 전가하는 모습으로 나타나기도 한다. 안나 프로이트는 사춘기 때 생기는 갈등을 유아기에 보였던 오이디푸스 콤플렉스가 다시 출연하는 것으로 보았다. 사춘기가 되면서 발달된 생리적 내분비적 기능의 변화로 말미암아 본능적 욕구인 '원초아'는 강해지는 데 비해 '자아'가 그 힘을 상실하여 약화되는 틈을 타서 잠복기 동안 잠잠했던 오이디푸스 콤플렉스가 재등장한다는 것이다. 유아기 때 주로 외부의 영향으로 생기는 거세 불안을 느꼈다면, 사춘기 때는 자아와 초자아(일종의 양심 기능) 간의 내적 갈등이 더해지면서 양상이 매우 복잡해진다.

유아기 때는 주로 부모나 다른 어른의 처벌을 두려워했지만, 이제는 자신이 느끼는 죄책감이나 자존감 상실 등의 문제 때문에 원하는 욕구(원본능)를 제대로 충족시키지 못하면서 갈등이 더 심해지는 것이다.

사춘기 아이들의 욕구(원본능)와 사회적으로 승인되는 양심(초자아)과의 관계가 얼마나 적절히 평형을 유지하는가는 바로 현실적 대응(자아) 능력이 말해준다. 자아 기능이 잘 발휘되어 원본능과 초자아의 욕구를 해결해야 사춘기적 갈등이 줄어들 수 있다. 결국 자아 기능을 제대로 발휘하지 못하는 아이일수록 갈등을 잘 견디기 힘들어하기 때문에 짜증이 많고 까칠한 성격이 되는 것이다.

사춘기 아이들의 까칠해진 모습을 보고 우스갯소리로 '그분이 오셨다'라고 표현한다. 사춘기 호르몬이 활성화되면서 아이들의 전반적 발달 단계가 새로운 국면을 맞이하게 되었음을 인정하는 유머이다. 청소년기의 이런 반항, 즉 혼돈에 대한 표현으로 '질풍노도의 시기(a period storm and stress)'가 있다. 사춘기가 혼돈스러운 것은 인간의 진화 과정에서 보이는 과도기적 단계의 반영이기 때문이라는 의미를 담고 있다. 즉 아동도 아니고 성인도 아닌 모호한 위치의 사춘기 아이들이 현실 적응 과정에서 갈등, 외로움, 소외, 혼돈의 감정을 경험하며 이로 인한 긴장과 혼란이 거친 행동으로 표현된다는 것이다.

사실 거친 행동을 하는 아이들의 부모를 만나보면 아이가 이해될 때가 많다. 반항적 행동이 심한 아이들의 부모와 상담해보면 묵묵부답인 경우가 많다. 상담을 오더라도 내 아이가 얼마나 귀한지만 이야기할 뿐, 아이의 잘못에는 귀 기울이지 않고 인정하지 않으려는 부모가 많다. 부모와 이야기를 하고 나면 '아이가 그럴 수밖에 없겠구나' 하고 느껴진다. 집에서 자신의 갈등이 전혀 수용되지 않으니 밖에 나와서라도 마음대로 표출하고 싶은 게 아닐까.

거친 행동이 점점 심해지는 사춘기 아이들에게는 내적 고통을 이해해주면서 그들이 갈등을 드러낼 수 있도록 기회를 만드는 것이 필요하다. 이 시기의 아이들이 느끼는 내적 갈등의 근원이 유아기에 충분히 받지 못한 부모의 애정 때문이거나 욕구 불만에서 올 가능성이 높으므로 먼저 부모가 바뀌려는 자세가 필요하다. 무엇보다 가정에서 부모가 아이의 거친 행동을 억압하지 말고 수용해주면서 공격성을 충분히 풀어가게 도와야 한다. 그래야 다른 사람에게 공격성이 표출되는 모습을 줄일 수 있다.

반항하는 아이들을 대하는 법

중학교에서 상담 프로그램을 진행하며 저항하는 아이들을 대하는 내 나름의 방법을 만들어보았다.

첫째, 힘겨루기를 하지 말고 가급적 아이의 인격과 행동을 분리시켜 말한다. 그리고 그 행동이 내게 준 느낌을 분명히 알린다. 그런 행동이 다른 사람의 감정을 어떻게 해치는가를 깨닫게 하는 것이다. 이때 사용되는 것이 '나 전달법(I-Message)'이다. 나 전달법에서는 상황에 대해 남 탓을 하듯이 말하는 게 아니라 '상황-결과-감정'으로 말하는 것이다. "너 왜 또 돌아다녀! 자리에 앉으라 했지?" 하고 말하기보다, "네가 자리에서 돌아다니니까(상황) 선생님이 수업하는 데 방해를 많이 받아(결과) 속상하구나(감정)" 하고 말하는 것이다. 그러고는 명령하는 말보다는 청유형으로 부탁해본다. "자리에 앉아" 하고 말하는 게 아니라,

"네가 자리에 앉으면 다른 친구들도 고마워할 거 같구나"라고 말한다.

둘째, 개인적 감정이 격했을 때 혼을 내지 않도록 한다. 내 감정이 격해질 때는 크게 숨을 들이마시고 속으로 숫자를 센다. 아니면 그 자리를 피한다. 수업 시간 중이라면 그 아이를 보지 않고 수업에 참여하는 다른 아이를 본다. 감정적인 말을 항상 조심해야 한다. 내가 아이들에 대해 미운 감정이 있을 때 하는 말은 무조건 아이에게 상처가 된다.

셋째, 아이의 거친 행동을 무조건 막기보다는 적당한 수용선을 찾아야 한다. 무조건 막는다고 해결되지는 않는다. 적당한 타협점을 찾는 것이 좋다. 노는 아이들도 집단으로 다니면 거칠고 무섭지만, 개인적으로 만나보면 자신을 좋은 아이라고 생각해주길 바란다. 무조건 나쁜 아이라는 식으로 대하지 않도록 주의한다. 남에게 방해되지 않을 정도에서 화를 내거나 장난치는 것은 눈감아주려 한다. 그래서 거칠어진 아이들이 조금은 해소를 하고 지낼 수 있게 한다.

이들이 화를 내는 대상이 '나'가 아닐 수 있다. 나를 통해 그들이 보는 것은 상처를 주는 부모일 가능성이 크다. 그래서 똑같은 어른인 선생님에게도 거부감이 생기는 것이다. 이처럼 아이의 거친 행동을 사춘기적 발달 과업이자 심리적 갈등에서 오는 여러 가지 고통의 한 표현이라고 이해한다면, 신기하게도 욱하고 북받치던 감정이 누그러든다. 그러면 반항적 모습이 아닌 활달한 모습으로 인식되면서 나도 아이들도 즐거운 시간이 될 것이라 기대하게 된다.

한편 사춘기 아이들도 남에게 피해를 주지 않고 자신의 갈등을 표현하는 방법을 배울 필요가 있다. 에릭슨(Erikson)의 말처럼 청소년기가 여러 혼돈을 느끼는 질풍노도의 시기일 수는 있지만 특별히 이 시기만 더 고통스러운 게 아닐 수 있기 때문이다. 인생의 발달 과업 순간마다 얼마나 많은 고통을 넘어서야 했는가? 누워만 있던 아기가 걸어야 하는 순간이나 말을 새롭게 배우는 순간, 나만의 세상에서 다른 친구를 받아들여 나누어야 하는 순간, 자기 마음대로 대소변을 기저귀에 편하게 보다가 변기를 사용해야 하면서 자기가 원하는 방식을 버려야 했던 순간, 학교에서 학업이나 친구에 적응해야 하는 순간……. 이 많은 과업을 수행해야 하는 각 단계마다 위기는 있었고, 그 위기를 잘 넘기며 성장해왔다.

따라서 사춘기만이 유독 힘들고 넘기 어려운 격동기가 되어야 할 이유는 없다. 이 또한 지나가는 하나의 단계이기 때문이다. 따라서 사춘기 아이들에게 반항이 특권인 양 여기게 할 필요는 없다. 실제 사춘기의 모든 아이가 심한 반항을 하는 것은 아니다. 한 연구에 따르면, 심하게 반항하는 아이들은 전체 사춘기 아이들 중 15~20퍼센트 정도이다.

반항하고픈 그 피할 수 없는 길을 너무 가로막지 않는다면 결코 멀리 돌아가지 않을 것이고, 언젠가 자신이 가야 할 길에 다다르며 다음 단계로 올라서는 모습으로 성장해갈 것이라 믿는다. 부모들은 반항하는 사춘기 아이들의 모습에 거부감만 가질 것이 아니라, 한층 더 꽃피우는 미래의 모습을 그리며 좀 더 힘을 냈으면 좋겠다.

불안함을 감추기 위해 욕을 하는 아이들

부모 앞에서도 욕하는 자녀

나는 직장맘으로 분주한 엄마이기에 마음 한 켠에 늘 아이에 대한 미안함이 있다. 그런 빚진 마음을 조금이나마 덜고자 먹는 걸 좋아하는 딸아이와 맛난 것을 사러 종종 함께 나가곤 한다. 이럴 때면 기분이 좋아진 딸아이는 연신 조잘거리기 바쁘다. 이렇게 이야기를 잘 해주는 딸이 내심 고맙게 느껴진다. 특히 아들을 둔 부모들이 아이가 도통 자기 이야기를 안 해 어떻게 학교를 다니고 있는지 모르겠다고 답답해하며 하소연을 많이 해오는 터라 딸의 수다가 감사할 뿐이다.

나름 가벼운 마음으로 이런저런 이야기를 하던 중 딸아이가 지나가는 사람을 보더니 "멍멍자식"이라며 혼잣말을 중얼거린다. '이게 무슨 말이지? 설마……' 하는 마음에 물었더니, '개'를 '멍멍'으로 바꾸어 말한 것이란다. '아니 이렇게 고운 내 딸아이 입에서 그런 욕이 나오다니……. 아이들이 욕 없이는 대화가 안 된다더니 내 딸도 비껴갈 순 없구나' 하는 마음에 가슴이 철렁했다. 놀란 감정을 조심스레 감추고 아이에게 물었다.

"왜 그런 나쁜 말을 하는 거야?"

"우리 반 아이들은 그런 말이 거의 일상이야. 나는 그래도 순화시켜 멍멍이라고 하는 건데?"

이 정도는 아무것도 아니라는 듯 자기가 한 말이 욕이라는 생각은 전혀 없어 보였다. 역시나 우리 딸도 어쩔 수 없이 이 시대를 살아가는 10대의 모습이 되어가고 있구나 싶어 안타까운 마음이 들었다. 내 앞이니까 이 정도지 자기들끼리는 오죽하랴 하는 생각도 스쳤다. 중학교도 가기 전에 이러니 중학생이 되면 도대체 어떨까 싶어 내심 걱정이 되기도 한다.

그러면서 새삼 욕이 일상적 대화가 되어버린 아이들에 대한 이야기가 떠오른다. 아이의 휴대전화에 저장된 엄마 번호에 뜨는 이름이 '미친년'으로 되어 있어 기가 막혔다는 한 중학교 엄마의 이야기, 아이들이 친구들끼리 이야기할 때 자기 부모를 '이년 저년' 혹은 '이 새끼 저 새끼' 식으로 부르는 것이 일상으로 되었다는 한 고등학교 선생님의 이야기…….

상담실을 찾은 고등학생 승현이 엄마의 고충도 사춘기 자녀의 욕에 대한 문제였다. 고등학생이 된 승현이가 자주 폭발적으로 화를 내고 거친 말도 점점 심해진다는 것이다. 자기 기분에 안 맞거나 뜻대로 안 되면 그 탓을 남에게 돌리고 다른 사람을 욕하는데, 과외나 학원 선생님은 물론 학교 선생님한테도 '씨팔년, 개새끼'라 부르며 펄쩍 뛰는 모습에 어이가 없다고 한다.

승현이는 점점 강도가 세지더니 이젠 부모에게도 화가 나면 욕을 한다고 한다. 그런 아이의 모습을 보고 몹시 화가 나서 부들부들 떨리고 격한 감정에 손이 나가게 되더란다. 그 이야기를 하는 엄마의 모습에서 큰 분노감과 함께 자식에 대한 실망감, 허망함 등의 복합된 감정이 느껴졌다.

"우리가 승현이를 얼마나 애지중지 키웠는데……. 자기 혼자 큰 것처럼 부모를 우습게 여기며 함부로 욕을 하는데, 부모의 인격조차 짓밟히는 느낌이 들어요."

자식이 부모에게 몰래 욕하는 것도 충격적인데, 대놓고 부모 앞에서 욕하는 아이를 바라보고 있다니……. 허망한 눈빛으로 부모이기 이전에 인간으로서의 인격이 무참히 밟힌 느낌이라던 승현이 엄마의 마음이 이해가 된다.

아이들의 욕 사용 실태

아이들이 가장 왕성하게 욕을 하는 때는 중고등학교 시기이지만, 욕을 배우고 사용하는 시기가 점차 저연령화되고 있다. 요즘은 유치원 아이가 친구에게서 먼저 배워오는 말도 욕인 경우가 많다.

청소년들이 주로 사용하는 욕에는 '씨발', '찌부러져', '찐따', '아이씨',

'제기랄', '좆같애' 등이 있다. 이런 욕을 때와 장소를 상관하지 않고 하는데, 특히 학교에서 친구끼리 있을 때 이런 모습을 보이는 경우가 많다. 그래서 가정에서 갑자기 튀어나오는 욕을 보고 부모가 놀라 아이를 혼내보지만, 이미 욕하는 것이 습관이 되어버렸기에 쉽게 고치기 어렵다. 욕을 빼면 과연 대화가 이루어질까 싶을 정도로 주고받는 말이 대부분 욕이라는 이야기도 있다.

청소년의 욕하는 행동은 대화뿐 아니라 온라인상에까지 증가하면서 점차 사회적 문제로 지적되고 있다. 이에 2011년 1월 여성가족부를 포함한 5개 부처(교육과학기술부, 문화체육관광부, 행정안전부, 방송통신위원회) 합동으로 '청소년 언어 사용 실태 및 건전화 방안'이라는 보고가 나오기도 하였다. 이는 2010년 7월 "청소년들의 욕설, 비속어 및 은어 등 사용이 늘어나고 있어 폭력 등 심각한 사회 문제를 유발한다"는 지적에 따라 나온 대책이었다.

이 보고에 따르면 청소년의 73.4퍼센트가 매일 욕설을 사용하며, 친구 간 대화 시 5퍼센트, 문자 사용 시 7퍼센트 정도가 욕설과 유행어 같은 부적절한 언어에 해당하는 등 불건전 언어 사용이 일상화되었다. 가끔 사용하는 경우가 41.8퍼센트, 자주 18.8퍼센트, 습관적 사용은 12.8퍼센트였다. 성별로 보면 남자가 77.6퍼센트고 여자는 68.9퍼센트로 약 9퍼센트 정도의 차이를 보이고 있다. 학교별로 보면 초등학생은 65.5퍼센트, 중학생은 77.5퍼센트, 고등학생은 77.7퍼센트로 저연령화가 점차 강해지는 것으로 보이며 중학생과 고등학생의 차이는 거의 없는 것으로 나타났다.

욕을 사용하는 대상은 친구가 70.3퍼센트로 압도적으로 많았고, 그 다음이 형제 11.7퍼센트, 후배 8.4퍼센트로 나타났다. 욕을 주로 또래들과 상호 작용의 구실로 삼고, 동조 집단의 성격으로 사용하고 있음을 알 수 있다. 이러한 이유로 부모와 선생님들은 아이들의 욕하는 모습을 접하거나 욕한다는 사실을 알기가 쉽지 않을 수밖에 없다.

청소년들은 욕을 대개 또래 친구나 인터넷 등 매체로부터 습득하는 것으로 보고되었다. 친구가 47.7퍼센트이며 인터넷 등 대중매체가 40.9퍼센트, 가족이 6.5퍼센트이다. 욕을 사용하지 않았거나 할 줄 몰랐던 아이들도 친구를 통해 배울 수 있기 때문에 어떤 친구들이 가까이 있느냐가 중요하다. 대중매체의 영향도 이에 못지않은데 인터넷이 26.4퍼센트로 가장 크며, 영화 10.2퍼센트, 텔레비전 4.3퍼센트이다. 욕설 사용과 디지털 미디어(인터넷, 온라인 게임, 휴대전화, 텔레비전)의 상관관계에 있어서는 디지털 미디어 이용 시 청소년의 56퍼센트(온라인게임 52.2%, 인터넷 44.6%, 휴대전화 33.8%, 텔레비전 10.6%)가 욕설을 경험하고, 디지털 미디어로부터 신조어나 욕설, 폭력적 언어를 모방하는 사례가 많아 디지털 미디어가 청소년의 언어생활에 부정적 영향을 미치는 것으로 나타났다.

욕설의 사용 동기로는 50퍼센트 정도가 '습관'이라고 응답하면서도 욕설의 의미를 아는 청소년은 27퍼센트에 불과하여 대다수가 뜻도 모르고 무분별하게 사용하고 있는 것으로 나타났다. 과반수가 욕을 하는 것에 별 느낌이 없다고 응답했다.

그렇다면 청소년이 이처럼 거칠게 욕하는 이유는 무엇일까? 전문가들이 가장 큰 원인으로 꼽는 것은 '정상적인 대화의 단절'이다. 요즘 청소년들은 직접 만나서 어울리기보다는 주로 휴대전화 문자, 싸이월드, 미투데이, 페이스북, 트위터 등 온라인상에서 교류하는 경우가 많다. 아무래도 공부 때문에 시간에 쫓기다 보니 서로 만나기 어렵기 때문이다. 그렇다 보니 길게 표현하지 못하고, 깊은 마음을 나누기보다는 표면적인 일거수일투족을 나누곤 한다.

서로를 깊게 이야기하며 소통하는 경우가 급격히 줄어든 것이다. 그래서 감정도 메마르고, 진정한 소통을 원하는 대화보다 즉각적으로 느껴지는 감정을 짧게 '씨발', '짱나' 등의 욕으로 표현한다. 이런 욕은 어떤 메시지를 담고 있지 않으며, 단지 짜증과 분노의 일방적인 감정 배설일 뿐이다. 또한 역설적이게도 친밀감을 대신할 감정 표현에 미숙하다 보니 욕으로 친근함을 드러내곤 한다. 격의 없는 사이라도 심한 욕설은 결국 상처를 주기 마련인데 말이다. 여기에 부모가 대화 기술이 부족하고 욕을 빈번히 사용하는 경우 욕의 학습은 더욱 빠르게 일어난다.

둘째, 청소년들은 자신의 감정을 설명할 적절한 언어를 찾는 능력이 부족하다. 욕이 일종의 보호막 역할을 하는 것이다. 즉 자신이 너무 외롭고, 두렵고, 불안하고 힘든데 이렇게 약해진 자신의 모습을 보이는 것이 싫어 욕으로 방어막을 친다. 자기 방어 기제로 욕을 대신 사용한다는 것이다.

청소년기는 여러 감정의 변화를 느끼고 자아정체감을 찾아가는 가운데 심한 열등감을 갖는 시기이다. 이러한 열등감을 들킬까 봐 전전긍긍하는 내면의 두려움과 불안을 남들이 알아차리지 못하게 오히려 공격적인 행동을 하면서 짜증과 화를 동반한 욕을 사용한다. 욕은 직접 공격하기 힘든 상대를 언어로 제압하는 또 다른 공격성의 표현으로, 내면의 감추어진 자신의 공격성을 해소시켜 카타르시스를 느끼게 돕는다.

공격성이 많아지는 이유에는 사춘기적 반항도 큰 영향을 미친다. 그런데 이러한 반항은 부모의 양육 태도와 상당히 밀접하다. 사춘기 이전 발달 단계에서 충분한 애정과 인정, 존중을 받지 못한 아이들은 사춘기 반항과 함께 욕이라는 형태를 통해 자신의 억눌린 분노를 극명하게 표현하기도 한다.

셋째, 사회적으로 학력 경쟁 스트레스가 청소년을 과중하게 누르고 있다. 청소년은 성적에 대한 스트레스가 높은데, 스트레스를 적절하게 해소할 수 있는 문화나 여가 시간이 부족하다. 그렇다 보니 일탈 행위를 보이지 않을 것 같은 청소년의 입에서도 의외로 욕이 쉽게 튀어나오는 것이다. 자신의 스트레스를 대체할 적절한 또래 문화가 없으니 욕을 사용하는 문화가 반복되고 확대되어 재생산되는 모습이다.

넷째, 욕을 습관적으로 사용할 수밖에 없는 이유는 그것이 또래 문화의 한 모습으로 정착되어 있기 때문이다. 동조 집단과의 일체감을 가장 중요하게 여기는 중학교 아이들 사이에서 이러한 모방은 급속도로 전파되며, 욕을 하지 않고는 친구들과의 대화에 끼기도 힘든 게 현실이다.

아이들은 자신들만의 언어인 은어나 욕설로 기성세대와 구분 짓고 있다. 기성세대에 대한 반감도 자기들끼리 욕을 통해 해소하려고 한다. 따라서 아이들은 욕을 친구들과 가장 많이 나누며, 자신들만의 문화로서 경계를 보여준다. 그래서 욕이 싫어 아예 말을 섞지 않는 아이가 중학교에서 더 왕따가 되기도 하는 게 현재의 우리 아이들 모습이다. 그러니 욕을 사용하는 것이 왜 나쁜지도 생각하기 힘든 상태이다. 문제로 못 느끼는데 어찌 바꾸려 하겠는가? 이처럼 욕을 사용하는 것이 부적절하다는 사실을 인식하는 청소년들이 적다는 점은 심각한 문제가 아닐 수 없다.

남들이 하니까 나도

그렇다면 아이들은 자신이 왜 욕을 한다고 생각할까? 보고에 따르면, '남들이 하니까'라고 응답한 아이가 41.2퍼센트이고, 그 다음으로 스트레스 해소를 위해서라고 한 아이가 27.7퍼센트, 친구들과 대화가 안 돼서 해야 한다는 아이가 16.3퍼센트였다. 남들이 사용해서 따라하는 것이나 친구들과 대화를 위해 욕을 하는 경우를 합치면 무려 50퍼센트 이상이 된다. 현재 우리 아이들은 동조 집단의 문화 형성에 욕도 중요한 역할을 한다고 인정하는 것이다. 그러니 욕은 나쁘니까 무조건 하지 말라고 해서 과연 멈추어질 수 있을까?

현실이 이렇다 하더라도 욕은 선한 말이 아니며 다른 사람에게 보이지 않는 상처를 주는 부정적인 말이기 때문에 습관적인 폭력적 언어 사용은 자제해야만 한다. 앞서 나온 연구에 따르면, 대다수의 청소년은 자신이 사용하는 욕설이 무슨 의미인지도 모른 채 하고 있다. 특히 인터넷 공간에서의 언어 폭력은 너무나 쉽고 빠르게 증가하고 있다. 한 예로 6학년 초등학생이 자신이 싫어하는 친구를 따돌릴 목적으로 왕따 클럽이라는 사이트를 만들었다. 여기에 입에 담을 수 없는 욕들이 댓글로 달린 것을 본 피해 아이는 충격을 받아 학교도 가지 않고 자살 시도까지 했다. 이뿐 아니라 자신들이 충분히 알지 못하는 사건 사고에 아무런 사실적 판단 없이 욕설을 댓글로 올린다. 온라인상에서 욕설로 상대를 넘어뜨리려 하는 것이다. 현실에서는 약자인 자신도 온라인상에서는 힘이 있음을 과시하고자 하는 회피적 보상 방법이다.

이는 친구끼리 욕을 할 때도 마찬가지다. 일단 욕을 사용하고 나면 좀 더 강하고 지독한 표현들을 찾아내서 받아치곤 한다. 그래야 이길 수 있다고 여기기 때문이다. 남자아이들의 욕설이 더 지독한 이유는 남자가 힘에 매우 민감하기 때문이다. 따라서 습관적으로 욕을 사용하는 아이들의 욕설은 점점 강해질 수밖에 없다. 힘을 실어야 하기 때문에.

욕은 전염성이 강해서 한 사람이 시작하면 한 반 아이들에게 금방 감염이 될 가능성이 크다. 또한 서로 욕을 함으로써 마음에 상처를 안고 분노감을 키우게 된다. 결국 욕은 듣는 사람이나 그 주변인뿐 아니라 욕을 사용하는 본인에게도 지울 수 없는 상처를 준다.

《물은 답을 알고 있다》의 저자 에모토 마사루의 물 분자 실험에 따르면, 좋은 말의 경우 육각형 구조를 띠는 데 비해 부정적 말은 물의 구조가 흐트러진다. 그만큼 언어에 담긴 에너지의 파장이 크다는 것이다. 특히 욕과 같은 부정적 말은 격한 감정까지 일으켜 파장을 더욱 크게 만든다. 쓸데없는 감정 소모에 에너지를 사용하면 정작 필요한 에너지는 부족한 상태에 놓이게 마련이다. 그리고 청소년이 알게 모르게 사용하는 욕은 쌍방에 다 해를 끼쳐 몸과 마음을 흐트러뜨리는 부작용을 낳을 뿐이다.

<h2 style="text-align:center">욕에 대한 대처 방법</h2>

그렇다면 아이들이 욕을 줄이고 올바른 언어를 사용하도록 이끄는 방법은 무엇일까? 다음과 같은 방법을 제시한다.

(1) 아이와의 이야기 시간 늘리기

욕도 말의 한 형태이다. 그런데 대화를 단절시키는 말이다. 이를 깨우치기 위해서는 먼저 아이의 마음을 들으려 하고, 아이가 생각과 감정을 표현하고 나눌 수 있도록 하는 게 필요하다. '젠장'이라고 말할 때 무엇 때문에 기분이 나빴는지, 그것을 어떻게 말하면 좋은지 등 다른 사람과 소통하는 법을 배워야 한다. 즉 아이가 자신의 감정과 생각을 스스로 인식해서 말로 표현하며 다른 사람과 소통을 느끼는 경험을 하도록 도와야 한다. 그러기 위해서는 가정에서의 대화 시간을 늘리는 것이 중요하다. 가족 간의 대화가 많을수록 욕설 사용이 감소하였다는 보고도 있다. 부모는 아이의 거울이기에 자녀는 부모의 말이든 행동이든 무심결에 배우고 닮아간다. 부모가 평소에 하는 말을 조심 또 조심할 수밖에 없는 이유인 것이다.

(2) 독서 권장하기

다음으로 여가 시간을 컴퓨터 게임이나 인터넷 사용에만 활용하지 말고 독서를 하도록 권장하는 것이 청소년의 언어생활에 긍정적 영향을 미친다. 실제 연구에서도 여가 시간을 독서로 보내는 집단이 욕설 사용 빈도가 가장 낮고, 컴퓨터 게임이나 인터넷 사용 집단이 욕설 사용 빈도가 가장 높았다. 따라서 가정에서 자녀들과 책을 읽거나 컴퓨터가 아닌 다른 놀이들을 찾아 함께 나누려고 노력한다면 아이의 욕도 줄어들 수 있다.

(3) 존댓말 사용하기

한 초등학교에서는 실험적으로 아이들끼리 존댓말을 사용하게 하고 있다. 아이들은 자신이 존중받는 느낌을 받아서 좋다고 했다. 학교에서 일정 시간이라도 서로에게 존댓말을 하는 시간을 가져보면 어떨까?

(4) 욕의 의미 깨우치기

욕을 하지 말라고 억압하기보다는 욕의 의미를 자각하도록 해서 욕과 거리를 두게 하는 방법도 있다. 실제로 자신이 사용하는 욕의 뜻을 알고 나서는 스스로 조심하는 학생이 증가하였다는 보고도 있다. 아이가 자주 사용하는 욕에 대해 구체적으로 설명해주고 왜 나쁜지 스스로 알게 해주는 것이 도움이 될 것이다. 우리나라 욕은 특히 성과 관련된 게 많으므로 동성의 부모가 자녀에게 설명해준다면 더욱 좋겠다.

(5) 대체어 만들기

감정을 적절히 표출할 수 있는 유머스러스한 대체어를 개발하자. 일전에 한 시트콤에서 '빵꾸똥꾸'라는 말이 큰 유행을 일으켰다. 이 말은 부정적 감정을 가볍고 기분 좋게 해소시키는 좋은 대체어이다. 이런 식으로 청소년이 자신의 감정을 표출할 수 있는 말을 찾도록 돕는 것도 좋은 방법이다.

'개새끼'로 말하는 것이 내심 꺼림칙했는지 '멍멍자식'으로 바꾸어 부른 딸아이를 무조건 혼낼 일만은 아니라는 생각이 든다. 좀 더 순화된 표현을 찾아주거나 스스로 만들어가도록 돕고, 무엇보다 내 아이가 왜 이런 욕을 하고 싶을까 하는 마음의 소리에 귀 기울여주어야겠다는 생각이 든다. 현 시대를 살아가는 우리 아이가 또래와의 관계에서 친밀감을 유지하고, 또래 집단의 문화적 특성이 있음을 인정해주는 것도 필요함을 깨닫는다. 앞선 세대로서 아이들의 건전한 또래 언어 문화 조성을 위한 사회적 노력에도 관심을 갖고 도와야겠다는 다짐을 해본다. 조잘대기를 좋아하는 내 딸도 엄마와의 대화가 절대적으로 더 필요할 수 있겠구나 하고 반성해본다.

친구와의 갈등은 부모가
직접 해결할 수 없다

어른이 개입할 수 없는 친구 문제

자식을 키우면서 부모가 어떻게 도와줄 수 없어 안타깝고 마음 아픈 일들이 있다. 그중 하나가 아이의 친구 문제인 것 같다. 공부는 어떻게 든 시키면 어느 정도 성적도 나오고 부모가 개입할 수 있는 여지가 많 다. 하지만 친구 문제는 처음 친구라는 관계가 형성되는 단계부터 부모 가 해줄 수 있는 것이 매우 제한되어 있다.

처음 단체 생활에 적응하며 엄마와 떨어져서 아이 스스로 견뎌내야 했 던 때부터 고통은 시작된다. 부모의 개입이 아이에게 도움이 되는 때는 유치원, 초등학교 저학년 정도까지다. 부모의 노력으로 친구를 만들어주 기도 하고, 관계가 나빠지면 해결책을 제시하며 다독거릴 수도 있다. 하 지만 초등학교 고학년이 되면서부터 이와 같은 부모의 관여는 철저히 거부된다. 더 이상 친구 문제에서 부모가 끼어드는 것을 용납하지 않고, 혹여 아이들 사이에서 부모밖에 모르는 아이는 '찐따'가 되기 쉽다.

이는 사춘기부터 자의식이 강해지면서 혼자 해결하려는 경향이 많아지기 때문이다. 혼자서 판단하고 행동하려는 독립성이 증가하면서 자신뿐 아니라 다른 아이가 부모와 함께하는 것에 대해서도 큰 반감을 갖는다.

몇 년 전 여름, 밤에 잠도 오지 않아서 산책 겸 배드민턴을 치기 위해 공원을 찾은 적이 있다. 옆 매트에 한 무리의 중학생이 배드민턴을 치며 정신없이 웃고 장난치고 있었다. 잠시 뒤 아이들에게 한 엄마가 다가오더니 반에서 따돌림을 당하는 자기 아이를 변호하면서 그렇게 지내지 말라고 부드럽게 타일렀다. 엄마가 자리를 떠난 뒤 한동안 조용하나 싶더니 이내 아이들은 그 아이와 엄마를 욕하기 시작했다.

"저렇게 엄마가 아이 문제에 끼어드니 따를 당하지. 그런 애는 더 괴롭힘을 당해봐야 해."

그때부터 엄청난 욕을 하기 시작하는데 듣는 나도 깜짝 놀랐다. 아이들이 부모가 참견하는 데 반감이 있다는 것을 알고는 있었지만, 실제 반응들은 생각보다 더 격렬했다.

'저래서 아이들이 부모가 끼면 더 따를 시키는구나.'

자녀가 친구 문제로 고민을 하면 정말 도와줄 수 없어 안타깝다. 사춘기 여자아이들의 경우 중학교 1~2학년 때 친구 문제로 인한 고민이 절정에 달한다. 초등 5~6학년 때부터 보이던 집단화 양상이 중학교에서 절정에 이른다. 이 시기의 아이들은 집단에 끼지 못하는 것을 견디지 못하고, 우루루 몰려다니며 노는 즐거움을 중요시한다. 집단 내에서의 갈등도 끊임없이 일어나 서로 따를 시키기도 하고, 집단이 해체되고 다시 구성되는 모습이 계속 반복된다. 그러는 과정 중에 따를 당하는 아이는 상처를 받는다.

상담을 통해 이런 문제를 계속 들어왔지만, 설마 내 아이가 그런 일을 당하랴 싶었다. 그러나 내 아이도 피해갈 수 없었다. 친구 관계에서 문제가 있다고 생각을 해본 적이 없던 터라 아이가 이런 상황에 놓인 현실을 받아들이기 어렵기는 아이나 엄마인 나나 마찬가지였다. 그렇게 즐거워하며 다니던 학교를 아침마다 가기 싫다고 거부하고, 일요일 저녁이면 급우울해지는 모습에 부모의 마음은 에이는 듯 아팠다. 그렇게 따를 시키는 아이가 얄미워 정말 아이보다 내가 더 그 아이를 흉보게 되고 더 화가 나서 미칠 지경이었다. 하지만 어쩌겠는가. 내 친구가 아닌데 내가 가서 끼어들어봤자 소용없는 일임을…….

모범생이 따돌림을 당하는 이유

중학교부터는 아이들이 좋아하는 친구 유형이 확 달라진다. 단연 두각을 보이는 아이는 어른들에 반감을 갖는 등 사춘기적 기질을 어느 정도 표출하는 아이다. 한편 모범적인 아이들에 대해서는 묘한 거부감이 많다. 선생님이나 부모의 이름을 부르는 정도는 애교요, 심하면 욕을 사용하기도 한다. 교실에서 선생님이라 부르는 일은 거의 없고 '샘' 정도는 양호하며, 그렇지 않으면 또 욕이다.

선생님이 하지 말라고 하는 행동을 그만두기보다는 대항하며 보란 듯이 모습을 오히려 멋지다 여긴다. 그래서 선생님 몰래 자리 바꿔 앉아서 선생님을 속이는 게 재미있고, 끼리끼리 앉는 게 더 신난다. 이런 행동을 주도하거나 함께할 줄 아는 아이를 멋지게 보는데, 이와 같은 행동이 한번 시작된 반은 다른 친구에게 쉽게 전염시키곤 한다.

그러니 모범적인 아이들은 자연스레 따를 당한다. 내가 나가는 중학교에서 왜 회장들의 행동이 학기 초와 다르게 망가지나 싶었더니 다 이런 이유 때문이었다. 모범적으로 회장 역할을 다하면 아이들과 어울릴 수가 없다. 그래서 자신의 틀을 벗어버리는 것이다. 규범적이며 어른들에게 맞춰 있던 행동이 사라지고, 아이들이 원하는 행동으로 바뀌면서 점차 거칠어지거나 흐트러지는 모습을 보인다. 눈치 빠른 회장들이 이렇게 바뀌는 것을 많이 목격했다.

회장인 아이가 매우 유순하여 아예 존재감을 크게 드러내지 않을 경우, 반 아이들과 무난하게 잘 지낸다. 다시 말해 자기주장이 강하고 그래서 아이들에게 힘을 보이려는 아이들이 거부를 당하기 쉽다는 것이다. 이들은 자신의 존재를 많이 드러내려고 여러 활동에서 적극적인데, 아이들은 이런 모습을 긍정적으로 보기보다는 '잘난 척한다', '자기 멋대로 한다', '나댄다'라는 식으로 비아냥거리고 꺼린다. 그래서 이런 아이들은 친구들 사이에서 어울리고 싶은데 제대로 인정받지 못하는 것 때문에 많은 고충을 겪는다. 무엇보다 이전과는 다른 또래 관계 방식을 찾지 못해 무척 당황스러워한다.

상담에서 만난 광민이도 그런 아이 중 하나였다. 광민이는 초등학교 때까지 늘 회장을 도맡았고, 자기 역할을 잘해서 선생님과 친구들에게 인정받던 아이다. 그런데 중학교 와서 상황이 많이 달라졌다. 나름 농구도 잘하고 공부도 잘하는데 친구들 사이에 잘 끼지 못해 힘들어한다. 야구부가 있는 학교라 야구를 잘하는 아이들이 선망의 대상이 되며, 농구는 그렇게 쳐주지 않는 학교의 문화적 특성도 작용했다.

요즘은 아이들 사이에서 공부 잘하는 아이의 매력이 예전처럼 강하게 작용하지도 않는다. 전교 상위 1퍼센트가 아니라면 공부를 잘하는 아이로 쳐주지도 않는다. 오히려 잘 놀 줄 알거나 자기들보다 성숙하게 행동하는 아이들을 좋아한다. 남자아이들 사이에서도 '간지나게' 멋을 낼 줄 알고, 위에 형제가 있어서 아는 정보도 많고, 선생님과 맞짱도 뜰 정도로 배짱이 있다고 여겨지는 아이들이 선망의 대상이 되곤 한다. 그냥 모범적인 아이들은 한마디로 인기 있는 아이가 되지 못한다.

광민이는 인기 있던 초등학생 시절을 그리워하고 있다. 자신의 존재감이 드러나지 않는 현재 중학교 생활이 너무 힘겹다. 그런 좌절감이 반복되면서 엄마도 아이도 빨리 2학년이 되기만을 바라고 있다. 그 사이 광민이는 많이 변했다고 한다. 전반적으로 의욕이 많이 떨어졌고, 그렇게 강하게 자기 의견을 주장하던 고집스러운 모습도 보이지 않는다. 왜 공부를 해야 하는지 묻는 등 모든 일에 회의적인 태도로 일관하고, 무엇 하나 즐거운 게 없다며 의기소침한 모습이 점점 심해져 상담실로 데리고 온 것이다.

중학생 우혁이의 부모는 학교를 잘 다니던 아이가 요즘 자꾸 짜증을 내며 엄마에게 화를 폭발하는 횟수가 늘어나 상담실을 찾았다. 왜 그러는지 이야기해봤더니 친구 때문에 너무 힘들다며 막 울더란다.

"이게 다 엄마 때문이야. 나는 스마트폰도 없고 헤드셋도 없고 브랜드 옷도 없어서 친구들 사이에 끼지 못하고 같이 할 이야기도 없다고."

듣고 있던 엄마는 어떻게 아이들에게 그렇게 비싼 물건들을 떡하니 사줄 수 있는지에 대해 더 분개했다. 그리고 그런 문화에 끼고 싶어 하는 아들이 그 정도밖에 안 되는 사람인가 싶어 화가 난단다.

나 역시 내 아이에게서 그런 투정을 들어봤기에 우혁이 부모의 마음을 충분히 이해한다. 요즘은 중학생이 쓰는 용돈의 규모가 매우 크고, 연령에 맞지 않는 성인용 옷을 갖고 있거나 가방 같은 소품을 특정 브랜드 제품만 고집하는 아이가 많다. 학생에게 맞지 않는 것 같은 물건에 욕심 부리는 아이도 이해가 안 됐지만, 그런 물건을 사주는 부모들도 이해할 수 없었다. '자격지심 때문일까'라는 생각도 들었지만, 나는 내게 경제적 여유가 있다 한들 아이에게 그런 고가품을 안겨주진 않았을 것 같다. 아이의 경제관념을 걱정해서라도 용돈 내에서 규모 있게 생활하는 법을 터득하기 바라기 때문이다.

그런데 나 같은 생각은 아이들 사이에서 웃음거리만 된다. 그런 부류에 못 끼는 것을 속상해하며, 자신도 존재감을 인정받기 위해 그런 외형적인 면을 함께 추구하고 싶어 한다. 이러한 현상을 관찰하면서 요즘 중학생들은 과거 부모들이 청소년이었을 때와 달리 현재 성인의 행동을 모방하는 모습이 많다는 생각이 들었다. 부모 세대는 성인과는 다른 청소년만의 문화를 갖고 있었고, 성인의 행동을 모방하는 데 어려움이 많았다. 하지만 요즘 아이들은 그렇지가 않다. 성인문화를 접할 수 있는 매체가 많으며, 정보도 빨리 얻을 수 있고 구입도 쉽다. 그래서 아이들이 자기 수준에서 즐길 문화를 찾지 못하고 어른들의 문화를 즐기는 것 같다. 여자아이들은 일찍이 화장에 관심을 갖고 성인 여성복을 즐겨 입으며, 남자아이들은 자기들끼리 야영을 한다며 밤에 운동장이나 공원에서 텐트를 치고 자기도 한다.

초등학교 시절과는 달리 청소년 문화는 또래에게 기대하는 바가 확연히 차이 나는 게 사실이다. 이러한 사실을 빨리 받아들이고 따라가면 잘 적응하는 것이고, 그것에 대한 저항이 많으면 적응이 힘든 것이다. 그런데 그런 문화나 또래 동조 현상을 무조건 지지하는 게 옳을까? 아이들은 자기 행동의 옳고 그름을 생각하기보다 다른 아이들과 함께하는 것에 더 큰 의미를 두기 때문에 부모가 보기에는 탐탁하지 않다.

따돌림의 상처는 당해본 사람만이 안다

지우의 친구 문제를 들으면서 여자아이들이 참 교활하다는 생각이 들었다. 지우는 친구 문제로 내담한 중학교 2학년 여자아이다. 작년에 친구의 집단에 끼지 못해서 올해는 어떻게든 친구 무리를 만들려고 학기 초부터 노력했고, 그 결과 친구 집단이 형성되었다고 여겨져 만족스럽게 지냈단다. 그런데 다른 집단에서 나온 친구가 들어오면서부터 관계가 미묘해졌다.

그 친구가 지우 집단의 친구들과 지우보다 더 친해지면서 언제가부터는 지우를 따돌리기 시작한다는 것이다. 지우가 다가가도 못 본 척하고, 다른 친구들은 잘 챙겨도 지우는 같이 가자고 하거나 웃는 낯으로 인사하거나 하는 모습이 없단다. 속상한 지우가 친구들에게 자기가 무엇을 잘못했는지 알려 달라고 개별적으로 물어보면, 모두 잘못한 거 없다며 개인적으로 친절하게 대해준단다. 그러다가 또 학교에서 뭉치면 지우만 따돌리는 모습에 지우가 심적 고통이 너무 커서 학교 수업시간에 양호실에서 누워 있기도 했다.

친구들 사이에서 그런 눈치를 보는 것도 힘들고, 누구랑 딱히 말할 사람이 없어서 정말 힘들단다. 다른 친구를 사귀려고 다가갔더니 이번에는 그룹 친구들이 그 친구에게 갑자기 친절하게 대하면서 지우는 부르지 않고 그 친구와 함께 놀러 가자고 했단다. 그런 뒤 그 친구도 행동이 바뀌면서 지우를 멀리하고 그룹 친구들과 더 친하게 지내려 한다는 것이다. 지우는 새롭게 사귄 친구에 대해서도 배신감이 느껴지고, 아이들이 자기가 사귀려는 친구를 뺏으려는 데 정말 화가 나서 견딜 수 없어 상담을 오게 되었다고 한다.

남자아이든 여자아이든 이렇게 따를 당하는 경험은 엄청 큰 고통이다. 이는 당해보지 않고는 알 수가 없다. 청소년기를 나름 유하게 보낸 나로서는 왕따나 따돌림이 나와는 먼 이야기로 여겨졌다. 그런데 몇 해 전 공동체 활동에서 그런 경험을 했다. 그렇게 상냥하고 다정하게 대하던 사람이 갑자기 나를 못 본 척하는데, 그 당황스러움은 이루 말할 수가 없었다. 눈 맞춤도 전혀 하지 않고 말을 걸어도 내 말에만 대답하지 않았다. 나를 뺀 나머지와는 매우 자연스럽게 대화하고 행동하는데, 그 치욕스럽고 불쾌한 기분은 정말 말로 표현하기 힘들 정도로 고통스러웠다.

아무리 기억을 더듬어도 그 사람에게 내가 잘못한 일이 없어서 더 답답했다. 그 뒤부터 그 사람을 만나기가 두렵고 피하고 싶어졌다. 하지만 같이 하는 활동이 있기에 그렇게 할 수도 없어서 계속 부딪히면서 마음의 상처를 받으며 지냈다. 다행히 활동 지역이 바뀌어 만날 수 없는 상황이 되면서 그 악몽 같은 시간을 끝낼 수 있었다. 그때 왕따를 당한 아이들이 얼마나 고통스러울까를 절실하게 느꼈다.

한 방송에서 왕따 당하는 경험을 해보는 실험을 한 적이 있다. 이유 없이 선생님이 차별하여 따 당하는 사람의 감정 상태를 간접적으로라도 경험하도록 한 실험이었다. 그 실험 결과 선생님께 따돌림을 당한 아이들이 받은 심적 충격은 매우 컸고, 학교생활이나 전반적 행동에서 심하게 위축되었다. 아이들은 따를 경험함으로써 다른 아이들이 따를 당할 때의 고통을 알게 되었고, 그래서 따돌림을 하지 말아야 한다는 생각이 더 강하게 들었다고 고백하였다.

어른인 나도 그런 경험이 힘들었는데, 친구가 전부인 사춘기 아이들은 어떠할까. 실제의 자기보다도 동조 집단의 모습을 더 자신의 모습이라 여기고 싶은 사춘기 아이들이 친구들로부터 따를 당하면 자신이 없어지는 느낌이 들 것이다. 그래서 더 심하게 좌절하고 고통스러울 수밖에 없다.

친구 문제로 고통받는 사춘기 자녀들을 어떻게 도울 수 있을까? 가장 먼저 알아두어야 할 점은 앞서도 언급했지만 친구 문제를 직접 해결할 순 없다는 사실이다. 부모가 개입할 수 없는 문제임을 인정하고, 아이가 잘 극복해가길 바라야 한다.

그렇다고 부모가 손 놓고 불구경하듯 해서도 안 된다. 아이가 자신의 고통과 어려움을 부모와 잘 나눌 수 있어야 한다. 또래와의 문제를 부모가 직접 해결해줄 순 없지만, 아이가 받는 느낌이나 생각을 함께 공유할 수는 있다. 유난히 친구 문제로 괴로워하며 자살까지 생각하는 아이들에게 결핍되어 있는 점이 바로 이것이다. 아이가 자신의 고민을 나눌 대상이 없는 것이다. 부모는 바쁘고 형제도 각자 생활로 바쁘며, 친구도 없고 선생님도 무관심하다. 그 누구 잘못한 사람은 없지만 아이가 자기 문제에 대해 소통하고 의지할 상대를 찾지 못하는 것은 비극이다.

특히 청소년기 아이들은 인지적으로 성숙해가면서 추상적 생각이나 판단이 늘어 스스로 문제를 해결할 수 있다는 오만함이 팽배해진다. 그래서 이러한 문제에 대해 다른 사람과 깊이 있게 나누기보다는 혼자 해결하려다가 더 심각한 상황에 놓이는 경우가 많다. 따라서 부모는 아이가 소통 대상을 찾아 그 끈을 놓지 않도록 돕는 게 필요하다.

부모가 그 대상이라면 가장 좋지만, 청소년의 경우 아이가 원하지 않을 수 있다. 왜냐하면 부모에게 자신이 무엇인가 문제 있어 보이는 것이 싫어 미주알고주알 걱정을 이야기하기 꺼리기 때문이다. 그런 아이

들의 경우 아이가 이야기하고 싶은 대상을 찾아 잘 나누게 하는 것이
필요하다. 꼭 자기 주변의 친구가 아니더라도 원래부터 좋은 관계를 맺
어온 오래된 친구나 자기편이 되어주는 사촌 등을 만나도록 하면서 아
이가 혼자 해결하려 하지 않도록 돕는다. 그래서 친구 문제로 심적 스
트레스를 받을 때마다 적절히 풀어주는 것이 필요하다.

이러한 정서적 지지나 스트레스 해소 외에도 아이와 구체적 대응에
대한 이야기를 나누는 것이 매우 중요하다. 또래 친구들이 원하는 것이
무엇인지도 객관적으로 보면서 부모가 무조건 안 된다고 말하기보다는
어느 정도를 허용해야 할지 절충선을 찾아야 한다. 이는 고가의 휴대전
화나 옷, 가방 등 원하는 것을 무조건 사주라는 의미가 아니다. 아이가
그런 물건을 원하는 것에 대해 충분히 이해하되, 가정 형편상 가능한
범주를 정하는 게 필요하다는 말이다.

또한 또래가 싫어하는 행동을 주의하도록 아이에게 가르친다. 본격
적 사회생활과 마찬가지인 중학교 생활에서 눈치를 볼 수밖에 없는 건
어느 정도 기정사실이다. 나와 다른 친구들의 모습에서 내가 맞추어야
하는 것이 무엇인지를 볼 줄 알아야 한다. 특히 혼자서 성장한 아이들
이 이를 무척 힘들어한다. 살면서 눈치 볼 형제가 없었기에 또래의 눈
치를 보는 것이 매우 힘겹고 큰 스트레스로 여겨진다. 하지만 이 과정
을 극복하는 것은 매우 중요하다. 나만 중요한 게 아님을 알게 되며 다
른 사람과 함께 맞추는 법, 특히 내 맘에 맞지 않은 사람들과 어울리는
법을 배울 수 있기 때문이다.

한편 내가 도무지 맞추고 싶지 않은 부분도 고려하도록 지도한다. 즉

자신의 특성을 제대로 이해하는 것도 필요하다는 의미다. 아이가 갖고 있는 성격적 특성이나 관계 지향 정도를 파악해서 그런 성향에 맞는 친구를 찾는 것도 필요함을 깨닫도록 돕는 것이다. 직접 다양한 아이들과의 관계 속에서 기쁨과 슬픔 등의 상황을 많이 경험해보아야 나에게 맞는 친구에 대한 선별이 가능해진다.

사춘기 아이들은 이제 막 사람들의 다양성을 보기 시작한다. 나와 다른 친구가 있고 그런 친구들 사이에서 내가 어떻게 행동해야 하는지, 또한 고유한 나의 모습을 어떻게 유지할 것인지를 고민한다. 그 과정에서 불완전한 자아를 갖고 있는 친구들끼리 서로 다투기도 하고 소외시키기도 하고 괴롭히면서 관계를 맺어간다. 어쩌면 아이가 이러한 과정 속에서 잘 견디며 자신과 맞는 좋은 친구를 사귀는 법을 배울 수 있도록 도와야 하는 것이 부모의 역할이 아닌가 싶다.

모든 경험은 하나도 버릴 것이 없다. 그 경험이 비록 아프고 힘든 과정이더라도 그 안에서 깨달음을 찾아 바로 응용할 수 있다면 값진 경험이 된다. 친구 문제도 마찬가지다. 친구 문제로 고민하는 자녀는 그만큼 사회적 관계에서 잘 성숙하고 있다는 또 다른 증거가 아닐까 싶다. 부모가 할 수 있는 일은 그 옆에서 같이 바라봐주고 손잡고 있다는 느낌을 주는 것만으로도 좋다. 잘 견디어가고 이겨가고 깨달아갈 거라는 믿음을 주면서 부모는 영원히 내 아이의 '안전지대(safety zone)'가 되어주는 것이다.

대체 왜 집이 싫은데?

가출 충동을 느끼는 아이들

사춘기 아들을 둔 부모들은 우스갯소리로 자식이 집에 들어오는 것만으로도 감사하게 여기고 아무 소리하지 말라고 한다. 이는 그만큼 사춘기 남자아이들의 가출이 빈번하다는 것을 말해준다. 툭하면 자기 뜻대로 안 된다고 집 나가겠다는 말을 입에 달고 산다. 화가 난 부모도 이에 지지 않는다.

"그렇게 버릇없이 행동할 거면 이 집에서 당장 나가! 부모 도움 없이 살아보면 아마 고마운 줄 알 거다."

"알았어. 그 말대로 해줄게."

정말 행동으로 옮기는 아이도 많다. 친구 집에서 지내거나 찜질방 혹은 PC방에서 밤을 지새우기도 한다. 가출하는 아이들에게는 집이 쉬는 곳이 아니다. 자신을 괴롭히고 못살게 굴고 구속하는 속박의 장소일 뿐이다. 그러니 숨이 막혀서 집을 나오는 것이다.

'가출팸'이라는 말을 들어봤을 것이다. 이는 가출한 아이들이 채팅을 통해 함께 살 사람을 찾아서 집단으로 지내는 것을 말한다. 얼마나 많은 아이가 가출을 하면 이런 모임까지 생길까. 가출한 아이들은 자신의 외로움과 고통을 달래줄 수 있는 사람은 결국 같은 처지의 아이들뿐이라고 여기는데, 이런 채팅을 통해 전국에서 조건이 맞는 아이들이 모인다. 이런 아이들은 함께 모텔이나 여인숙 등을 전전하면서 지낸다.

함께 모인 아이들은 돈이 떨어지면 나쁜 행동도 서슴지 않는다. 먹고 잘 곳이 해결되지 않으면 다른 사람 휴대전화를 훔쳐 팔거나, 또래 아이들의 돈을 '삥 뜯는' 행동을 한다. 이에 가출한 아이들이 더 이상 비행 탈선의 길로 가지 않도록 식사와 잠자리를 마련하는 청소년 쉼터가 국가 복지 차원에서 시행되고 있다. 하지만 아이들은 그조차도 구속이라고 여겨서 자기들끼리 지낼 수 있는 아지트를 만들려 하기 때문에 쉼터를 찾는 일이 드물다.

가출의 형태가 예전에는 일인 시위 같았다면, 지금은 단체 시위처럼 모임 양상을 띠고 있다. 뜻이 맞는 아이들과 함께 지내는 가출팸의 아이들은 집에서 받지 못했던 관심과 보살핌을 받는 기분이 들고, 옆에 누군가가 함께 있어 주는 것이 참 좋고 살맛난다고 한다. 지저분하고 위생이 엉망인 곳에서 라면이나 삼각 김밥 등으로 거의 끼니를 때우며 사는 아이들이 그래도 만족해하는 것을 보면서, 자기들끼리 가족처럼 위하며 지내는 또 하나의 불안정한 가정 모습이 되었구나 싶었다.

가출팸의 아이들은 뜻을 같이하는 친구들을 문자 하나로 쉽게 찾고, 전국에서 오는 아이들을 인터뷰하면서 자신들과 지낼 만한 사람인지를 검증한 뒤 함께 사는 것을 결정한다. 그들도 결국 자신의 가정에서 해결되지 못한 문제를 또 다른 가정 형태를 통해 채우고 싶어 하는 것이리라.

집을 뛰쳐나가고 싶은 이유

가출팸을 만들 만큼 집을 뛰쳐나올 수밖에 없는 이유는 도대체 무엇일까? 아이들이 가출을 하는 이유도 다양하다. 연구에 따르면, 가출하는 이유는 크게 4가지 정도로 나뉜다.

첫 번째 가출 이유는 가족 관계의 문제에서 비롯한다. 부모로부터의 거절과 소외, 아동기에 겪는 지속적인 무시와 경멸, 별거와 이혼 등 아이가 견딜 수 없는 갈등이 많은 가정환경, 형제간의 지나친 경쟁, 가족 구성원들 사이의 의사소통 장애, 상호적인 애정 표현이나 보호가 결핍된 가족 관계 등이 이에 해당한다.

두 번째 가출 이유는 부모의 문제가 심각한 경우이다. 부모의 강압적이고 과도한 처벌, 약물이나 알코올 중독, 자녀 행동에 대한 부적절한 교육 등의 문제 때문이다. 아빠의 심각한 알코올 중독 문제로 언니들과 방 안에서 무서워 벌벌 떨며 지내야 하는 집이 싫어 가출을 했다는 아이의 이야기가 생각난다. 그 아이는 결국 엄마가 아빠와 이혼한 뒤 집에 더 이상 아빠가 출입하지 않는 상황이 되었을 때에야 집으로 들어왔다.

세 번째로 학업 문제가 있다. 학습의 어려움으로 학교에서 잘 적응하지 못하여 학교에 대해 부정적 태도가 생기는 것, 빈약한 문제 해결 능력, 학교에서 도벽 또는 잦은 결석이나 수업 중 이탈 행동 등 많은 문제 행동이 이에 포함된다. 초등학교 때까지 임원도 하고 공부도 잘하던 수진이는 중학교에 와서 학업을 따라가지 못하면서 학교 적응에 문제가 생기더니 급기야 친구의 물건을 훔치는 행동을 하기에 이르렀다. 이후 수진이는 아이들 사이에서 '도둑년'으로 찍혔고, 학교 전체에서 왕따가 되어 학교 가기를 싫어하였다. 겨우 달래서 학교를 보내면 학교로 가지 않고 길거리를 배회하였다. 그러던 중 길에서 다른 가출 소녀들을 만나 가출을 하고 말았다.

네 번째로 가출의 주요한 이유 중 하나가 결핍된 사회적 관계에 있다. 초등학교까지는 선생님도 주요한 관계 형성의 역할을 하지만, 중학교 이상이 되면 선생님과의 관계는 크게 중요하지 않게 되고 오직 또래 관계만이 목숨처럼 중요해진다. 또래와의 관계가 매우 중요하기 때문에 다른 관계가 아무리 좋아도 또래에서 인정받지 못하거나 소속감을 제대로 느끼지 못하면 자기를 받아줄 다른 또래 집단을 찾고자 한다.

또래 집단에 속하고 싶은 욕구는 큰데 성공 경험이 적은 아이들은 그 집단의 성격이 좋든 나쁘든 간에 자기를 수용해주는 집단으로 쉽게 쏠린다. 그래서 갱단에 들어가기도 하고, 불량 패거리에 끼게 되기도 한다. 착실했던 형준이가 소위 날라리라는 아이들과 어울리면서 생활이 망가지게 된 것도 그 친구들이 자기를 인정해주고 받아주었기 때문이란다. 그 친구들과 어울리면서 자기에게 함부로 하거나 끼워주지 않던 아이들에게 복수하는 듯해 기분이 좋았다고 한다. 그만큼 또래의 인정을 중요시하기 때문에 친구와의 가출도 쉽게 감행할 수 있는 것이다.

이외에 정신병리적 증상으로 불안, 자살의 위험, 신체적 혹은 성적 학대, 알코올 및 약물 복용 같은 문제도 가출을 일으키는 원인이 된다. 생각보다 많은 성적 학대가 친족 내에서 이루어진다. 의붓아버지의 성적 학대나 아이를 돌보던 친척의 성폭행 사건이 요즘 더욱 많이 발생하여 사회적으로 큰 문제가 되고 있다. 이런 사건의 피해 아이들은 가족이 더 이상 자신을 지켜줄 울타리가 아니라 위험한 장소라고 여기기에 집을 도망쳐 나온다. 그런데 정작 이런 아이들이 집 밖으로 나와서는 자신을 지탱할 수 있는 방법이 딱히 없기 때문에 원조 교제 등의 길로 빠지는 경우가 있어 안타깝기만 하다.

설마 내 아이가 가출을 할까?

집 나가고 싶다고 입버릇처럼 말하는 청소년이 많지만, 막상 행동으로 옮기는 아이는 드물다. 그럼에도 가출을 감행하는 사춘기 아이들에게는 몇 가지 공통된 특징이 있었다.

그들은 자의식이 매우 강해 자신에게 뭐라고 하는 것을 잘 견디지 못한다. 그래서 자신을 비판하거나 함부로 대하는 모습에 쉽게 분개한다. 행동과 말, 사고가 매우 충동적이며, 판단도 감정적으로 치우쳐 서투른 판단으로 아무 계획 없이 집을 뛰쳐나오는 경우가 많다. 또한 자신의 생활환경에 영향을 주는 주변의 다양한 요인을 잘 통제하지 못하기에 다른 외부 요인에 의해 판단이나 행동이 휘둘리는 경우가 많다. 그래서 친구의 꾐에도 잘 빠진다.

한편 이런 아이들은 성인과의 관계 형성이나 의사소통에 어려움을 겪는 특징을 보인다. 자신에게 문제가 생길 때 좋은 방향으로 이끌어주고 도와줄 어른이 옆에 없는 경우가 많아 혼자 끙끙거리다가 가출을 해버리는 것이다. 이처럼 가출한 아이들의 부모나 가정환경, 아이의 성향을 보면 가출할 수밖에 없는 나름 이유가 있다.

그런데 매우 풍족한 환경 속에서 남부럽지 않아 보이는 아이들도 가출의 충동을 느끼는 이유는 무엇일까? 이런 경우는 가정환경이나 부모 때문에 집을 뛰쳐나온 도피적 가출이 아니라, 자신의 욕구를 충족시키기 위한 가출이다. 집에 대한 불만보다는 자기 마음대로 하고픈 욕구를 잘 통제하지 못하여 자신의 쾌락을 쫓아 떠나는 가출이라 할 수 있다. 같이 놀 수 있는 사람들을 만나고 좋아하는 활동을 할 수 있는 곳을 찾아다니며 마음껏 즐기는 것이다.

이런 아이들은 친구 집에 갔다가 밤늦게 자기를 찾는 부모에게 다음 날 집에 들어가겠다고 허락을 받기 위해 애원하며 전화를 하기도 한다. 부모는 어쩔 수 없이 가출을 허락하지만 습관이 될까 봐 걱정하고 혹시 탈선으로 빠지지 않을지 우려된다. 그런데 이런 아이들의 경우 친구 집에 머무는 경우가 많고, 위험한 곳은 자신이 두려워서 잘 가지 않는 경향이 높다. 따라서 아이가 숨통을 트도록 부모가 좀 여유로운 생활을 허락한다면 가출 행위는 감소한다.

이외에도 큰 갈등이 있는 건 아니지만 부모에게 자신의 뜻을 관철시키기 위해서 가출을 감행하는 경우도 있다. 이런 아이들은 자기 마음대로 되지 않는다고 별것 아닌 일에도 쉽게 화를 내면서 부모와 대립을 하다가 가출을 하고, 조건에 따라서 집에 돌아오기도 한다. 이렇게 자신이 뜻하는 바를 이루기 위해 부모를 조정하려고 가출하는 것은 부모의 권위를 인정하지 않고 막무가내로 자기 방식을 요구하는 지극히 이기적이고 자기중심적인 그릇된 행동이다. 이런 경우에는 가출이 문제를 해결해줄 수 없음을 경험하게 해주는 것이 필요하다.

엄마의 외출로 아이의 가출을 막는다

가출한 자녀를 둔 부모는 어떤 심경일까? 부모의 마음속에는 혹시 아이가 나쁜 아이들과 어울려서 인생을 망쳐버리지 않을까 하는 우려가 가장 크게 자리한다. 그러면서도 한편으로는 부모에게 감사할 줄 모르고 자기만 잘난 줄 아는 철없는 아이가 돈 없고 챙겨줄 사람 없으면 얼마나 힘든지 철저히 느껴봤으면 하는 모진 마음도 생긴다. 그래서 얼마나 버티는지 보자고 끝까지 찾지도 않고 신경 쓰지 않는 척하는 부모도 있다.

하지만 어찌 마음이 쓰이지 않겠는가. 어릴 때는 순했던 자녀가 사춘기가 되면서 매일 다퉈 너무 미웠다고 말하는 엄마도 자식의 가출은 두렵기까지 했다고 고백한다. 흉흉한 세상에 어떤 나쁜 일이 생기지 않을까 싶어 밤잠을 설치며 대문 앞을 왔다 갔다 할 수밖에 없었단다. 부모의 마음이 다 이렇지 않을까 싶다. 쉼터나 청소년 보호기관에 혹시 우리 아이가 와 있을까 싶어 가출한 자식을 찾아다니곤 한다.

하지만 나간 자식을 찾고 싶지 않다는 부모도 있다. 딸의 잦은 가출 때문에 상담소를 찾은 지영이의 부모는 아이가 화날 때마다 부모를 치려는 행동까지 보인다면서 딸과의 갈등이 끔찍하게 싫다고 한숨을 쉬었다. 딸 때문에 우울증과 협심증이 생겼다는 지영이 엄마는 자신의 솔직한 속내를 보였다.

"내 딸이지만 지영이가 무섭기까지 해요."

지영이는 중학교 때까지만 해도 부모의 말이면 다 순종하던 딸이었다고 한다. 그런데 고등학교에 들어가서 첫 수련회를 3박 4일 다녀온 뒤부터 아이가 변했다. 친구들과 노는 재미에 빠져서 집 밖에서 자는 것을 좋아하였고, 엄마와 다툼만 생기면 친구 집으로 가버린다.

"딸은 집 밖이 훨씬 좋다며 괴물 같은 엄마와 같이 지내는 집이 지긋지긋하대요. 이런 말을 들을 때마다 내가 뭘 그리 잘못했다고 그러는지 억울하기만 해요. 하루에도 몇 번씩 차라리 내가 멀리 도망이라도 가버릴까 싶고, 딸아이와 잠시라도 떨어져 있고 싶던 차에 아이가 알아서 그렇게 나가주면 어떨 때는 마음이 편해요."

딸의 행동이 언제 폭력적으로 바뀔지 몰라 불안에 떨지 않아도 되고, 말도 안 되는 말다툼을 하지 않으니 오히려 아이가 없을 때가 좋단다. 엄마는 화병이 생긴 지 이미 오래고, 신체적 질병까지 생겨 지금은 딸 생각만 하면 화가 치밀어올라 집을 나가도 찾고 싶지 않단다.

자녀가 가출까지 감행한다면 관계의 골이 깊을 대로 깊은 게다. 나간 자식을 찾지도 않는 부모의 심경 또한 오죽할까? 자녀에게서 받은 상처가 그만큼 큰 것이다. 아무리 내 자식이지만 하지 말라는 행동이나 말, 실수를 반복하면 못마땅하기 마련이다. 번듯하게 자라지 못하는 자녀가 참 싫다. 자식의 그런 모습에서 부모의 치부를 보는 것 같아 화가 나고 참기 힘들다. 쌓였던 분노가 폭발하면 자녀의 조그마한 실수에도 크게 화를 내게 된다.

화가 났을 때 하는 행동은 부모마다 다르다. 목소리 높여 언쟁을 하는 부모도 있고, 손찌검을 하면서 분노를 표출하는 부모도 있다. 거친 욕과 자녀의 인생을 저주하는 극단적인 말을 서슴없이 하면서 언어적 학대를 일삼는 부모도 있고, 말로 듣지 않는 아이의 행동을 고쳐주겠다며 신체 폭력을 아무렇지 않게 행하는 부모도 있다. 그렇게 해야 부모도 자신의 쌓인 감정이 풀린단다.

부모도 사람인지라 항상 참을 수만 없는 걸 어찌하랴 싶다. 자녀 때문에 심한 고통을 느낀다면 부모에게도 반드시 치유가 필요하다. 이미 자식에게 많은 상처를 받아 아이를 품을 수 있는 여유를 잃어버린 것이다. 그래서 모질게 화도 내고 집 나간 자식을 찾지 않으며, 돌아오는 자식을 더 나무라기도 한다.

사춘기 자녀를 둔 부모들 사이에 '엄마의 외출로 자녀의 가출을 막는다'는 우스갯소리도 있다. 자녀와 갈등이 생겼을 때 엄마가 피해주면 아이가 집에서 해방감을 느껴 가출하고 싶은 마음이 줄어든다는 것이다. 상처받기는 부모나 자녀나 마찬가지다. 하지만 부모가 먼저 자신의 감정을 다스려야 한다. 그래야 자녀를 품고 보듬을 수 있다.

부모 노릇이 어려운 게 이런 점 때문인 것 같다. 부족하고 못나서 만족스럽지 못한 자녀에게 화가 나도 함부로 화내지 않는 태도를 유지해야 하니 말이다. 감정을 다잡으며 어른스럽게 행동하는 것이야말로 바로 자녀에 대한 부모의 현명한 마음가짐이리라.

아이의 가출을 막으려면

사춘기 아이들의 가출하고 싶은 욕구는 발달 면에서 볼 때 어쩌면 자연스러운 감정일 수 있다. 아이들은 '집 떠나면 고생'이라는 말보다 집을 떠나 얻을 수 있는 다른 만족에 더 끌린다. 독립심과 호기심, 자유로움 등에 막연한 동경이 있는 사춘기 아이들이 유혹받기 쉬운 행동이 가출이다. 이처럼 가출에 대한 동경을 해소해주기 위해서는 아이에게 집을 떠나 지내보는 시간을 주는 것도 도움이 된다.

친구들과 파자마 파티를 해보는 기회를 주는 것도 좋고, 여러 캠프에 참가해보도록 하는 것도 좋다. 가정 형편에 따라 단기 해외 연수 기회를 만들어주는 것도 방법이다. 부모와 떨어져서 자기 혼자 지내는 것이 어떤지를 스스로 느껴야 가출에 대한 막연한 동경이 사라질 수 있다.

내가 아는 어떤 부모는 자녀의 가출에 대한 욕구를 해소해주기 위해 남자아이들끼리 밖에서 텐트 치고 자고 싶다는 것을 허락했단다. 깜짝 놀란 다른 부모가 물었다.

"어머, 걱정 안 돼요? 아이들끼리 그렇게 밖에 있으면 위험할 수도 있잖아요."

"왜 걱정이 안 되겠어요. 그래서 몰래 아이들이 텐트 치는 곳을 따라가서 밤새 지켜보고 왔어요. 아들에게 들키지 않으려고 첩보 영화 한편 찍고 왔다니까요."

참 현명한 엄마라고 생각한다. 아들의 욕구를 인정해주는 동시에 부모 자신의 불안감을 잠재우기 위한 최선의 행동이라 생각한다. 자식에게 이렇게 보이지 않는 안전망을 만들어주고 그들의 자유로움을 허락하는 것이 진정 사춘기 자녀를 둔 부모의 현명한 태도가 아닐까.

가출하고 나니 생각보다 고생스러웠다며 다신 집 나가지 않겠다고 말하는 순진한 아이들도 있다. 하지만 가출 자체가 주는 여러 가지 위험 요인의 개연성을 무시해서는 안 된다. 따라서 가급적이면 아예 가출을 시도하는 여지를 주지 않는 게 바람직하다. 자녀의 가출을 막기 위해 부모가 가장 고쳐야 할 행동은 아이가 잘못했을 때 집 밖으로 내쫓는다거나 집을 나가라며 꾸짖는 것이다. 이는 부모가 자녀 스스로 살 수 없는 존재임을 알고 약점을 이용하는 아주 비열한 방법이다. 자녀를 옥죄는 협박일 뿐 바른 꾸중도 해결 방법도 될 수 없다. 부모로부터 그런 꾸중 듣는 아이들은 견딜 수 없는 갈등 상황이 오면 무모한 가출을 계획하고 실행에 옮긴다. 따라서 부모가 아무리 화가 나도 집 나가는 것을 벌로 만들어서는 안 된다.

부모로서 내가 뭘 그리 잘못해서 집을 나갈 정도인지 화가 나서 자녀의 가출 행위 자체를 받아들이기 힘들 수 있다. 부모를 이렇게 나쁜 사람으로 만들 수 있나 싶어 심한 모멸감과 수치심이 든다. 그래서 자녀가 집으로 돌아오면 심하게 때리기도 한다. 부모의 심정을 모르는 바 아니지만, 그래도 아이가 오죽하면 집 나가는 생각을 했을까를 먼저 생각해주는 게 어떨까? 그게 부모의 넓은 마음인 것 같다. 잘못된 행동을 용서하고 또 용서하며 품어주는 그런 마음…….

　대학에서 강의를 하며 만난 대학생들 중 유난히 똑똑하고 밝아서 눈에 띄는 아이가 있었다. 그 학생은 자신이 사춘기 때 가출하고 싶은 충동을 참느라 참 힘들었다고 털어놨다. 아빠가 말 한마디 걸 수 없을 만큼 무서워서 집을 나가고 싶었단다. 어떻게 그런 힘든 사춘기를 버텼을까?

　"엄마가 불쌍해서 참았어요."

　그 학생에게는 엄마가 버팀목으로 있었다. 엄마가 무서운 아빠를 방어하는 역할을 해주었다. 엄마라는 보호막 때문에 집을 떠나고 싶은 충동을 견뎠고, 엄마와 한편이 되어 서로 위로하며 지냈단다. 아들이 순간순간 생기는 엇나가는 고비들을 잘 넘어가 탈선으로 빠지지 않도록 엄마가 끊임없이 살피고 관찰해서 보호해준 것이다.

　아이들의 발달 과정에서 최소한 부모 중 어느 한 사람 혹은 다른 성인 한 명이라도 '의미 있는 타인(significant others)'으로서 아이에게 존재한다면, 아이는 어려운 고비를 넘길 수 있다. 의미 있는 타인이 하는 가장 큰 역할은 사회적 지지자의 역할이다. 어려움이나 도움이 필요할 때 정서적 또는 경제적인 지원과 같이 다양한 형태의 지원을 한다. 가족 중 누구라도 자녀에게 의미 있는 타인의 역할을 해준다면, 아이는 가출 욕구를 행동으로 옮기지 않는다. 아니 그럴 마음도 잘 갖지 않는다.

　그런 힘든 사춘기를 잘 지내온 아이가 대견스럽고, 자식에게 든든한 버팀목이 되어준 그 엄마가 고맙기까지 했다. 많은 사춘기 아이가 답답하고 억울한 마음을 참기 힘들어 가출을 결심한다. 하지만 그 시간을 버텨내고 이렇게 멋진 청년이 되기를 바라본다.

혹시 내 아이도
청소년 우울증?

거짓말로 검사해도 드러나는 우울증

최근 학교에서는 아이들의 정서 행동 문제를 조기에 발견해서 도와주기 위해 다양한 검사를 실행하고 있다. 2011년에 전국 학교에서 정서 행동 검사가 일제히 실시되었다. 학교 폭력 문제가 사회 문제로 크게 쟁점화되면서 폭력으로 인해 심적 상처를 받거나 다른 정서적 문제로 괴로워하는 아이들이 있는지 찾기 위한 검사였다. 이 검사를 통해 우울이나 자살 충동이 위험군으로 나타난 아이들은 학교와 연계된 기관이나 개별 기관에서 상담을 받도록 하였다. 이 검사 이후 상담실을 방문하는 학생이 늘고 있다.

재연이도 자살 충동 지수가 높아서 상담실을 방문했다. 엄마는 딸이 자살을 고민하리라고는 단 한 번도 생각해본 적이 없어서 많이 놀랐다고 한다. 심리 평가 결과 재연이는 자기주장을 거의 하지 않은 유아기적 모습에 고착되어 심리적 우울이 꽤 깊은 상태였다. 여기에 학교에서 경험되는 또래 사이에서의 좌절이 자살 충동을 일으키고 있는 것으로 나타났다. 그런데 지속적인 상담 치료가 필요하다고 하니 재연이는 볼멘소리를 한다.

"이럴 줄 알았으면 그냥 좋게만 체크할 걸 그랬어요. 친구들은 다들 그렇게 해서 문제없다고 나왔는데 나만 이게 뭐예요."

재연이의 말처럼 학교에서 시행되는 검사의 맹점 중 하나가 중학교부터는 자신을 의도적으로 속이는 아이가 많아서 검사 결과를 그대로 믿기 어렵다는 점이다. 사춘기에 들어서면 문제 있는 사람으로 보이는 것을 두려워해서 실제 자기 모습과 상관없이 문제가 없고 내적 갈등이 없는 쪽으로만 표기하려는 경향이 높아진다.

다른 친구들의 눈을 의식하기 때문에 자기만 따로 2차 검사를 해야 한다고 불려 가는 것이 싫고, 개인적으로도 재검사나 상담을 하게 되는 일이 귀찮아 정직하게 반응하지 않는다. 또한 방어가 심하고 다른 사람을 의식하는 경향이 많은 아이일수록 일부러 좋은 쪽으로만 표기를 해서 아이의 실제 상태가 검사 결과에 그대로 반영되기 어렵다.

실제로 상담실이나 학교에서 만난 아이들 중에는 선생님께 자꾸 불려 가고 친구들에게 자신만 문제 있는 아이로 보이는 것이 싫어 좋은 쪽으로 표기했다고 자랑인 양 말하는 아이도 꽤 있다. 이런 이야기를 들으면 문제가 없기를 바라는 아이들의 마음을 모르는 바 아니지만, 도움이 정말 필요할 수도 있는데 제대로 돕지 못해 시기를 놓치진 않을까 걱정스러운 마음이 들곤 한다.

그럼에도 비교적 정확하게 드러나는 정서 문제가 있다. 이는 다름 아닌 우울(depression)이다. 진짜 우울을 느끼는 아이들은 외부 시각에도 별로 관심이 없고 전반적인 활동이 다 싫어서 모두 부정적으로 반응해버리는 경우가 많다. 그들은 특성상 긍정적 생각보다는 부정적 생각이 많다 보니 실제보다도 더 심각하게 표기하는 경우도 많다. 그래서 우울증을 발견하는 데는 오히려 단체 검사가 도움이 되기도 한다.

이런 검사가 청소년에게 낙인 효과를 일으켜 오히려 부정적인 영향을 줄 것이라는 우려도 있다. 그래서 자녀가 우울 대상 아동으로 분류되어 학교에서 상담 등의 프로그램이 실시된다고 부모에게 알리지만 참여를 꺼리는 부모도 있다. 이러한 검사의 목적은 단순히 우울증 환자를 가려내는 기능만을 하는 게 아니라 청소년 개인이 지각하고 있는 심리적 고통을 찾아 효율적으로 돕고자 하는 데 있다.

우울증을 '심리적 감기'라고 생각해 누구나 인생에서 한두 번 앓고 지나갈 수 있다고 하는데 뭐 그리 심각하게 여길 필요는 없지 않느냐고 말하는 이도 있다. 하지만 우울증이 주는 문제를 쉽게 간과해서는 안되는 이유 중 하나가 이로 인해 자살 충동을 쉽게 느낄 수 있다는 점이다. 특히 충동성이 높아지는 사춘기 아이들의 자살 충동은 일반 경우보다 높다.

늘어나는 청소년 우울

실제로 2010년 청소년 건강 행태 조사에서 우울증을 앓고 있는 청소년 비율이 37.4퍼센트에 달했고, 자살 생각 비율은 19.3퍼센트, 자살 시도는 5.0퍼센트에 이르렀다고 한다. 아산병원 정신과 김병수 교수는 자살의 원인을 여러 가지로 구분하고 있다. 즉 우울과 같은 의학적 원인, 학업 스트레스나 가정 내의 불화 및 친구와의 교류에서 정서적 지지를 제대로 얻지 못하는 심리환경적 요인, 극심한 경쟁과 성적 위주의 사회에서 공부 외에는 청소년 개인의 개성을 인정받기 힘든 사회교육적 요인, 연예인이나 유명 인사와 같은 사람들의 자살 행동으로 인한 모방 심리 등을 자살의 원인으로 보고 있다. 이처럼 우울을 앓고 있는 아이들을 빨리 발견해서 도와주려는 이유는 극단적으로 치달을 수 있는 자살을 예방하기 위함이다.

권석만 교수의 연구에 따르면, 우울증 발생률은 여자가 10~25퍼센트이고 남자가 5~12퍼센트이며, 평생 동안 우울증을 앓을 확률도 남자가 5~12퍼센트인 데 비해 여자가 10~25퍼센트에 달하였다. 역학 조사 결과에서도 보면 청소년기에 우울증이 급증하며 특히 여자 청소년의 유병률이 높다. 또한 약 20퍼센트에 해당하는 청소년들이 한 번 이상 우울증을 경험한다는 점에서 우울증은 청소년기에 매우 흔히 나타나는 심리적 문제라고 할 수 있다.

매사 무기력하고 우울한 아이들

한 중학교에서 우울 검사를 통해 밝혀진 학생들 대상으로 집단 프로그램을 진행했다. 우울 검사에서 정도가 심하다고 판명된 아이들을 대상으로 학교 차원에서 외부 전문 상담가가 진행하는 집단 상담 프로그램을 마련했는데, 내가 이 프로그램의 진행을 맡았다. 총 8회로 구성된 집단 프로그램을 시작하기 앞서 마음이 다소 무거웠다. 예전에 없던 이런 프로그램이 학교에서 가능해진 것은 그만큼 우리 사회에 우울을 앓고 있는 청소년이 많아졌다는 반증이며, 이것이 점차 사회 문제가 되고 있다는 생각이 들었다.

우울 프로그램에 참여한 아이들의 첫인상은 전반적으로 의기소침하다는 느낌이었다. 보통 우울한 기분이 심한 아이들은 무표정하고 무감각한 정서 상태를 보인다. 우울을 느끼는 성인은 슬픔, 즉 우는 모습을 많이 보이는 데 비해 우울을 느끼는 아동이나 청소년의 경우에는 분노 감정 및 불안정하고 과민한 기분 상태가 동반되어 나타나기도 한다. 또한 생활 전반에서 위축되고 침체된 모습이 많은데, 동기와 욕구 면에서 삶의 흥미와 즐거움이 없어 매사가 재미없고 무의미하게 느껴지기 때문이다.

자신을 드러내기보다는 억압하는 경향이 많고 활동에 의욕이 없는 아이들이다 보니, 집단 프로그램 활동에서도 다른 사람이 자신을 어떻게 생각하는지도 별로 관심 없었다. 얼핏 보면 공격적인 아이도 있고 매우 부끄러워하는 아이도 있었다. 우울한 아이가 모두 내향적인 것은 아니다. 자신을 드러내고 싶어 하는 외향적인 아이들 중에도 자기가 원하는 기대만큼 사랑과 주목을 받지 못해 생긴 좌절감이 오랜 시간 누적되면서 우울해진 경우도 있다.

이처럼 아동이나 청소년의 경우 우울이 산만함이나 충동적인 행동 등으로 감추어져 나타나는 '가면 우울증(masked depression)'이 꽤 많다. 심한 우울을 느끼는 아이는 학교 오는 것도 힘들어하고, 와도 학교에서 거의 엎드려 지내는 모습이 많았다. 대체로 반에서 하는 활동에 거의 참여하지 않고, 책상을 침대 삼아 자거나 혼자 책 보고 그림 그리는 등 고립된 모습이다.

첫 수업을 자신과 가족에 대한 이해와 관련된 활동으로 시작했는데, 대부분의 아이가 가족과 자신이 분리되어 있거나 동떨어져 있는 모습으로 묘사했다. 가족과 자신을 이미지로 표현해보라 하니 가족의 분위기를 싸늘한 바람으로 말하거나 사나운 짐승으로 묘사했다. 반면에 자신은 여린 꽃이나 약한 동물로 비유하는 등 가족 내에서 억눌러 지내는 모습을 비추기도 했다. 이런 활동에서도 자신의 이야기만 하지 다른 친구의 활동에는 별로 관심 없고, 듣고 공감해주거나 자신의 의견을 말해주는 아이도 거의 없었다. 공감해주는 상대를 오랜 기간 만나지 못해서 오는 무관심이라 여겨진다.

그런데 이런 아이들이 함께 공감대를 형성한 것이 있었는데, 그것은 다름 아닌 '내가 듣기 싫은 말'이라는 주제를 놓고 이야기를 나눌 때였다. 아이들은 자신이 담고 있던 내적 분노를 언어와 표정으로 매우 적극적으로 표현하였다. 이전 활동들에 비해 아이들이 꽤 진지했고, 다른 아이들의 이야기에도 적극적인 공감을 보였다. 아이들은 부모, 선생님, 친구들로부터 들었던 수많은 욕과 비난에 한목소리로 흥분하며 고양된 모습이었다. 그만큼 이들의 마음에는 타인에 대한 화가 많았다. 하지만 그것을 상대에게 표현하지 못한 채 억압되다가 어느 순간 분노 대상이 자신이 되면서 우울감에 사로잡혀 지내왔던 것이다.

사춘기가 되면 여러 가지 신체 심리적 변화와 함께 자신들의 화를 주체할 수 없는 상황이 증가하며, 종종 이런 분노 감정을 격렬하게 드러내곤 한다. 실제로 이들은 교실 내 뜻하지 않은 상황에서 누적된 화를 폭발하여 주변 친구와 선생님을 당황하게 만들고, 간혹 큰 싸움을 일으키곤 하였다. 이는 사춘기에 이르러 자아를 키우고자 하는 욕구와 맞물리면서 '더 이상 이렇게 살지는 않을 거야'라는 다짐과 함께 분노가 폭발되기 때문이다.

한편 자신을 지지해줄 수 있는 자신만의 공간을 찾는 특징을 보였다. 학교나 가정이라는 현실적인 환경에서는 도무지 자기 존재감을 찾을 수 없기에 인터넷 카페나 책, 게임 등 비현실적 관계에 몰두하는 모습이 많았다. 그래서 밤늦도록 인터넷 속의 온라인 친구들과 채팅을 하거나 게임 등에 빠져 지냈고, 아침이면 눈도 못 떠서 학교 지각은 물론 결석도 밥 먹듯이 했다. 이런 모습이 심해지면 은둔형 외톨이가 되어 집 밖으로 나가지 않으려고 한다.

숨겨 왔던 화를 슬며시 드러내는 아이들을 보면서 얼마나 자신을 힘들게 했을까 싶어 마음이 참 아렸다. 무의식을 강조하는 심리역동적 관점에서는 우울증의 가장 큰 이유가 화를 낼 대상을 상실해서 자기에게 화살이 돌려졌기 때문이라고 본다. 도덕적 억압이 심한 청소년일수록 무의식적으로 자기 탓을 하기가 쉽다. 권석만 교수는 이렇게 분노가 자기 자신에게로 내향화되면 자기 비난, 자기 책망, 죄책감으로 인해 자기 가치감의 손상 및 자아 기능이 약화되어 우울증이 나타게 된다고 하였다. 자신을 사랑해주거나 위로해주기는커녕 자신을 학대하면서 미워하고 지냈을 시간을 떠올리니 이들 마음이 얼마나 상처받고 황폐해졌을까 하는 안타까움에 마음이 짠해졌다.

청소년기의 우울 양상

청소년기에 우울증이 많이 생기는 이유는 이 시기에 기분 변화가 심하고 정서적으로 무척 불안하기 때문이다. 청소년 시기에는 발달 단계상 신체적 심리적 사회적 변화가 급격하게 일어나면서 '적응'이라는 과제가 다른 시기보다 과중하게 느껴지기도 한다. 그런데 유독 이 사춘기의 시기를 힘들게 느끼는 이유는 발달상 자아 기능(ego)의 확대와 함께 진정한 자아(self)를 찾아가면서 자신에 대한 강점만이 아니라 약점도 보게 되기 때문이다. 자기의 부족한 부분이 자꾸 크게 보이기 시작한다는 것이다. 그래서 신체적으로 또래 친구보다 변화가 느리거나 외모상 부족하다고 생각되면 열등감과 수치심을 그 어떤 시기보다 많이 느낀다.

학업 성적에 대한 부담도 증가하면서 부모와 교사의 기대에 부흥하지 못해 갈등이 많아진다. 부모보다는 친구 관계가 중시되는데, 우정을 나누는 친구를 만나지 못해서 오는 고독감이나 외로움 등 심리적 갈등이 증폭된다. 부모의 간섭으로부터 벗어나려는 데서 오는 갈등과 불안이 심해지고, 이차성징이 발달하면서 성적 욕구나 자위행위에 대한 죄책감도 많이 생긴다. 이외에도 학교 폭력이나 왕따 같은 집단 따돌림, 부모나 교사의 과도한 질책 등으로 사춘기 아이들이 겪는 좌절은 참으로 많다. 이러한 좌절들을 잘 극복하지 못하면서 계속 반복되거나 충격이 가해지면 우울로 빠지기 쉽다.

그렇다고 우울이 항상 문제가 되는 건 아니다. 살면서 실패와 상실을 경험하면 마음 아파하는 게 어찌 보면 당연하다. 속상하고 힘든 일에 우울해지는 건 자연스러운 모습이다. 보통 건강한 아이들은 일시적으로 이런 기분이 들고 시간이 지나면 곧 그 기분에서 벗어나 정상적인 생활을 한다.

하지만 이 우울한 상태가 쉽게 회복되지 않는 아이들이 있다. 이런 경우 병적 우울로 분류한다. 정상과 병적 우울은 발병 시 아이의 연령 적합성과 그 연령에서 보이는 빈도나 강도를 보고 판단한다. 보통 우울한 기분이 6개월 이상 지속되면서 학업, 가족, 친구관계 등 다른 활동들에 소홀하게 될 경우 병적 우울로 본다. 이런 경우 우울로 여러 활동의 부진 양상이 심해지며 열등감으로 자책이 많아져 전반적으로 의욕이 상실되면서 정상적인 생활이 제대로 이루어지지 못한다.

우울 집단에서 만난 아이들의 경우 우울을 일으키는 이유가 가정의 경제적 문제나 급작스런 사건 등과 같은 생활 원인보다는 '사회적 지지(social support)' 부족 때문인 경우가 더 많았다. 권석만 교수는 사회적 지지란 개인의 정서적 생활을 유지하는 데 필수적인 조건으로서 심리적 물질적 지원을 의미한다고 하였다. 실제로 집단 프로그램을 진행한 아이들 중에는 중학생이 되면서 학업 문제로 부모와 마찰이 많아지고 부모의 기대에 부응하지 못해 무시당하면서 갈등이 심해진 경우가 많았다. 또한 형제들끼리 비교되거나 친구들의 괴롭힘 등으로 심한 열등감에 빠진 아이도 있었다.

우울 집단 아이들에게서 보인 공통된 모습은 안정적인 사회적 지지를 주는 대상의 결핍이었다. 그들에게는 마음이나 아픔을 솔직하게 나눌 가족도 친구도 부재했다. 이런 지지가 오랫동안 결여되었기에 병적인 우울 양상으로 진행되기에 이르렀다. 그래서 찾은 대상이 비현실적 관계인 온라인상의 친구나 게임 친구, 책 속 주인공 등 환타지들인 것이다.

우울 양상을 극복하도록 돕는 방법

우울 집단 프로그램에서 가장 많이 중점을 둔 부분은 아이들의 이야기를 들어주는 시간이었다. 자신이 좋아하는 것이나 관심 있는 분야를 찾아 이야기해보게 하고, 그것을 자랑할 수 있는 시간을 주었다. 서로가 잘하는 면을 칭찬해주는 시간을 통해 격려받고, 자기 이야기를 들어주는 사람과의 대화를 통해 심리적 지지를 받도록 도왔다.

짧은 기간의 활동이었지만 그 사이 빠른 변화를 보여준 아이가 있었다. 그 아이는 우울의 근원이 된 가족에게 다시 다가가 손을 내미는 용기를 보여줬고, 가족들도 변하려는 아이의 마음을 진심으로 이해하면서 관심을 보여 함께 방학 계획을 짜기도 했다. 방학 동안 가족 여행을 하면서 자신이 원하는 것을 찾는 시간을 갖겠다고 말하는 아이는 처음 봤을 때와 달리 눈동자가 빛났다. 프로그램 후반부에는 활동 시간이나 마무리 시간에 보조 역할까지 할 수 있는 모습으로 빠르게 변하였다. 짧은 시간 내에 삶의 동기를 찾아 하고 싶은 마음이 생기도록 한다는 우리의 목표를 스스로 잘 찾아간 그 아이가 무척 대견스러웠다.

우울 집단 프로그램에서 중시했던 또 다른 목표는 집단 내에서 친구를 만드는 도전이었다. 사회적 지지가 부족한 아이들에게 같은 문제를 갖고 있는 아이들 속에서 친구를 찾아줄 수 있다면 참 좋겠다는 생각이었다.

우울 양상이 심하지 않은 아이들은 곧 자기 교실에서 친구들에게 접촉하는 시도를 보였다. 이들은 자신과 같은 문제를 겪고 있다는 동질감 때문인지 집단 내의 아이들을 친구로 만들었다. 일반 아이들과 쉽게 어울릴 수 없었지만 비슷한 문제를 갖고 있는 아이들과는 서로 충분히 공감하고 나누면서 친밀감을 형성할 수 있었던 것이리라. 그래서 이들은 프로그램 종료 후에도 가깝게 지내며 연락하고 만나는 모습을 보였다.

하지만 아쉽게도 프로그램 기간이 짧아 심한 병적 우울을 보이는 아이들을 도와주는 데 한계가 있었다. 이미 만사가 귀찮고 학교생활에는 거의 의욕을 보이지 않는 아이들, 오히려 자기에게 뭐 하라고 시키는 선생님이나 친구들에게 반항하기 일쑤고 간신히 학교에 오는 아이들은 마음의 빗장을 쉽게 열지 못했다. 몸은 학교에 있지만 마음과 행동은 교류되지 못한 채 혼자 지내는 것에 아주 익숙한 모습이었다. 이 아이들에게는 심도 있는 평가와 함께 전문 상담 기관을 권할 수밖에 없었다.

　청소년 아이들의 우울증 치료에서 중요한 것은 무엇보다 사회적 지지이다. 심리적 독립의 초기 단계에서는 여전히 부모의 지지나 관심이 그 무엇보다 중요하다. 점차 친구에게로 의존 대상이 바뀌면 단 한명의 친구라도 반드시 필요하다. 가족과 친구는 친밀감, 인정, 애정, 소속감, 돌봄과 보살핌, 정보 제공, 물질적 도움과 지원 등을 통해 청소년의 자존감과 안정감을 유지시켜주는 중요한 사회적 지지자들이기 때문이다. 이러한 지지가 오랜 기간 부족하거나 결핍되었을 때 아이들의 자존감이 잠식되어 우울증을 앓게 된다. 관련 문제가 있다고 여겨진다면 가족이나 부모 상담 또는 사회성 집단 활동 등을 통해 전문가의 도움을 받는 것이 좋다.

　이외에 청소년의 우울증을 돕기 위해 사용되는 방법 중 하나가 '자기 대화(self-talking)를 통해 우울증 극복하기'이다. 우울이라는 감정이 대체로 부정적 생각에서 시작되었다는 관점에서 이러한 부정적 사고를 바꾸는 방법으로 '내적 언어'를 활용하는 것이다. 우리가 흔히 사용하는 혼잣말을 살펴보면 자기 긍정보다는 자기 부정의 말이 더 많다. 특히 우울에 취약한 사람들의 경우 이렇게 부정적인 혼잣말은 우울을 더욱 악화시킬 수 있다고 본다. 따라서 부정적 내적 언어(혼잣말)를 이겨내기 위한 방법으로 '반격하기(countering)'를 권한다.

(1) 내면 언어 인식하기

　먼저 자기가 자신에게 하는 말들을 잘 들을 수 있는 '내면 언어 인식하기'가 필요하다. 흔히 사춘기 아이들이 사용하는 부정적 표현에는 '나만 못났어'나 '이렇게 공부해서 나중에 뭐 할 줄 아는 게 있을까?', '난 멍청해', '난 아무것도 하고 싶은 게 없어' 등이 있다. 자신이 특히 자주 하는 부정 언어를 찾아 알고 있어야 한다.

(2) 부정 언어에 대한 대응말 준비하기

그런 부정 언어에 대해 반격할 말을 준비해야 한다. '나만 못났어'라고 할 때 '어디 나뿐이야? 사람은 다 못난 부분이 있어'라는 식으로 짧고 간결하면서도 부정적 사고와 반대되는 말을 준비해야 한다. 다양한 긍정의 말들을 준비하고 있다면, 부정적 생각이 꼬리에 꼬리를 물더라도 쉽게 물러나지 않게 된다.

(3) 바로 반격하기

부정적 표현이 떠오를 때 바로 받아쳐야 한다. 그래도 부정적인 말이 계속 맴돌면 강하게 외치듯 반격한다. 마치 큰 소리로 상대에게 화내며 싸우듯 자신에게 소리쳐준다. '아니야 너도 잘하는 게 분명 있어. 단지 지금 보이지 않는 것뿐이야' 하며 큰 소리로 외친다.

이러한 방법을 사춘기 아이들이 바로 배우기란 쉽지 않다. 아직 자아 기능이 그 정도 발달하지 않는 아이라면 더욱 어려울 것이다. 그럼에도 이러한 활동은 건강한 자아를 키울 수 있기 때문에 자신을 들여다보고 자신의 내면 언어 소리에 귀 기울여보면서 자신을 위로하고 도울 수 있다. 자아 기능이 약한 아이일수록 부모나 다른 어른들이 아이의 건강한 자아 역할이 되어 긍정적인 내적 언어를 표현해주자. 먼저 아이에게 '할 수 있어', '네가 그렇게 약한 모습만 있는 것은 아니야', '네가 원하는 것을 생각하면 반드시 찾을 수 있을 거야' 등의 말을 자주 들려주는 것이다.

우울은 자라나는 청소년들에게 고통만 주는 게 아니다. 사람이 한층 성숙해지는 계기가 되기도 한다. 따라서 우울 자체를 잘 극복할 수 있는 심리적 문제로 보고 잘 이겨내도록 도와주는 게 중요하다.

이 글을 읽는 사춘기 부모들에게 바라는 점은 아이에게 어떤 우울 징후가 보인다면 학교에서든 전문 기관에서든 반드시 점검을 받으라는 것이다. 아이의 우울증에 대한 검사를 두려워하지 말고 정기적으로 점검하는 것은 어쩌면 가장 중요한 일이 아닌가 생각한다. 만약 문제가 있다면 가능한 한 빨리 도움을 주는 것이 아이의 소중한 생명을 지키고 심리적 안녕을 도모할 수 있는 길이다. 부디 이런 검사에 대한 편견이나 오해에서 벗어나 진정 아이를 건강하게 돕는 길을 주저 없이 선택하는 현명한 부모가 되길 바란다.

꽃다운 나이에 자살을 준비하는 아이

심각해지는 10대들의 자살

"오늘 뉴스 봤어? 중학생 아이가 말이야……."

누군가 이런 이야기를 하면 가슴이 철렁한다. 또 자살 소식인가 싶은 마음에서다. 요즘 사회면에는 청소년들의 자살 사건이 끊임없이 올라온다. 얼마 전에는 제주도에서 중학교 1학년 아이가 중간고사 성적이 좋지 않았던 점을 비관해오다가 자살했다는 소식을 접했다. 이제 겨우 중1 학생이 학업이 뭐 그리 중요하다고 자살까지 하게 되었을까? 학업으로 인한 심적 부담이 얼마나 컸으면 이런 선택을 했는지 참으로 안타깝다. 친구의 괴롭힘으로 인한 자살에서부터 학업 비관으로 인한 자살까지 10대들의 자살은 매우 심각한 문제가 되고 있다. 그만큼 청소년기의 아이들이 힘들다는 신호일 것이다.

한 조사에 따르면, 2006년부터 2010년까지 5년간 자살한 학생은 총 735명이다. 평균 잡아 1년에 260여 명의 아이가 스스로 생명을 놓아버리고 있다. 이 가운데 남학생은 390명, 여학생은 345명으로 성별 차이는 크진 않았다. 그런데 학교 과정별로 보면 초등생 17명, 중학생 224명, 고교생 494명으로 학년이 올라갈수록 더 심해지는 모습이다. 원인을 살펴보면 가정 불화가 33.3퍼센트(245명)로 가장 많았다. 다음으로는 염세 비관 13.9퍼센트(102명), 성적 비관 12.2퍼센트(90명), 이성 관계 7.1퍼센트(52명), 신체 결함 및 질병 2.6퍼센트(19명), 가정의 궁핍 2퍼센트(15명)가 뒤를 이었다. 대체 어린 꽃잎들이 활짝 피기도 전에 지려고 하는 이유는 뭘까?

조용히 자살을 준비하는 아이

중학교 3학년을 막 마치고 고등학교 배정을 앞둔 여학생 준형이는 자살 시도로 상담실을 찾았다. 준형이 엄마의 이야기에 따르면, 자살을 준비하는 행동이 보이기 시작하더니 이번에는 실제 시도한 흔적이 있어 놀라서 데리고 왔다.

"준형이가 의심이 되는 행동을 하는 것을 처음 본 것은 중2 때였어요. 방 청소를 하다가 우연히 자물쇠가 풀린 책상 서랍을 열어보았더니 그 속에는 여러 종류의 약이 있었어요. 그때 너무 놀라서 준형 아빠에게 급히 연락했고, 집에 들어오는 준형이와 이 문제에 대해 많이 이야기했어요. 당시 준형이는 가고 싶어 하는 특목고가 있어서 내신 점수에 신경 쓰기 시작했던 시점이었어요. 준형이 말로는 공부를 하다 보면 좀 갑갑하기도 하고 머리도 아프고 해서 두고 먹으려고 진통제를 샀다고 하더군요.

그래도 준형이가 혹시 무슨 불만이 있는 건 아닌가 싶어 하고픈 이야기를 편히 하도록 같이 여행도 갔다 왔어요. 하지만 준형이는 우리에게 딱히 불만이 있는 건 아니라고 하더라고요. 그 다음에 또 이렇게 약을 모으는 모습이 두세 번 더 발견되었어요. 약을 모으긴 해도 먹는 것 같지 않았어요. 그래서 아마 약이 있어야 마음이 편해지나 보다 싶어 이후에는 크게 뭐라 하지 않았고, 힘든 게 있으면 언제든 엄마한테 얘기하라고 자주 말했죠.

그런데 이번에 준형이가 특목고 지원을 했다가 떨어졌어요. 그래도 저나 애 아빠는 뭐라고 하지 않았어요. 준형이도 일반 고등학교에 가서 잘해야겠다고 하면서 크게 마음 쓰지 않는 것 같았고요. 그러던 어느 날 가족이 모두 외식 하러 나가는데 준형이가 가기 귀찮다며 집에 있겠다고 그러더군요. 종종 그럴 때가 있으니 그러라고 하고 나왔는데 왠지 내 마음이 불편하더라고요.

식사를 마치기 무섭게 빨리 집으로 가자고 재촉하여 집에 와보니 준형이가 손목에 붕대를 매고 있는 거예요. 깜짝 놀라 물었더니 처음에는 그냥 어디에 긁혀서 피가 많이 났다고 말했어요. 그런데 그날따라 준형이 말이 잘 믿기지 않고 뭔가 불안한 마음이 생기더군요. 혹시나 하는 마음에 준형이 방을 뒤지다가 쓰레기통에서 피범벅이 된 휴대용 만능 칼을 찾았어요.

준형이 말로는 공부에 집중도 잘 안 되고 가슴이 너무 답답해서 칼로 자기 손목을 그었다는 거예요. 이건 명백한 자살 시도구나 하는 생각에 앞이 캄캄해지면서 아이를 붙잡고 한참 울었어요. 준형이도 같이 울고요. 그런데 자신도 왜 그랬는지 잘 모르겠대요……."

한숨도 못 자고 다음 날 날이 밝자마자 달려온 엄마의 푸석푸석한 모습에서 부모의 애간장 타들어가는 절절한 심정이 느껴졌다. 함께 온 준형이는 생각보다 매우 담담하게 자기 상황을 이야기했다. 엄마의 설명처럼 자신은 집이나 학교생활에서 크게 불만스러운 게 없다고 했다. 그런데 자신도 모르게 죽는 것에 대한 생각을 자주 하고 그런 행동까지 하기에 이르렀다. 준형이의 표정에서 자기도 알 수 없어 괴롭다는 마음이 스쳐지나갔다(상담에서 보면 언어적 의사 표현보다 이런 비언어적 의사 표현이 주는 메시지가 정확할 때가 더 많다. 준형이는 자기의 사건을 남 애기 하듯 하다가 심층 질문으로 가면서 복잡한 감정이 점점 표정으로 드러났다).

"준형아, 언제부터 죽음에 대해 생각하게 되었니?"

"초등학교 6학년 때 처음 죽는 게 편하겠다는 생각을 한 것 같아요. 특별한 사건이나 상황은 잘 떠오르지 않지만요. 그때부터 저도 모르게 자꾸 약을 모았어요. 그리고 줄이나 끈, 조그마한 칼 등도 서랍 안에 보관했고요. 이유 없이 답답함이 밀려오면 살아서 뭐하나 하는 생각이 들어요."

그런데 이런 말을 하는 준형이는 너무 담담하다. 차라리 흐느껴 괴로움이라도 드러나면 좋으련만, 좀처럼 표정도 바뀌지 않는다. 자신을 남처럼 여기니 생명도 물건처럼 다룬 것은 아닐까 싶다.

준형이는 가족에 대한 불만이 있다고 느끼기 힘들 만큼 가족과 상당히 원만한 관계를 유지하고 있었다. 아니, 어떻게 보면 다른 가정들이 이상하다 생각될 만큼 문제가 없는 집이었다. 준형이 가정은 부모는 물론이고 형제끼리도 큰소리가 나지 않았다. 이 가정의 메타룰(meta-rule, 상위 규칙)이 '우아한 가족'이었다. 이러한 묵시적 규칙은 가족 간의 부정적 표현을 매우 억압한다. 드러나게 다투는 것이 없으니 이성적으로는 크게 불만이나 불평으로 여길 만한 게 없다고 생각한다.

하지만 마음은 뭔가가 답답했다. 갈등이 없는데 이런 감정을 느끼니 준형이는 자신이 뭔가 단단히 잘못되었다고 생각했다. 그렇게 느끼는 자신이 괴롭고, 그런 자신에 대한 원망이 쌓여갔다. 특히 훌륭하고 성품 좋은 부모에 비해 자신은 그 기대를 만족시키지 못하는 부족한 딸이라는 생각에 자책하는 모습이 늘었고, 이런 심정이 점점 깊어지면서 자신을 없애고 싶을 만큼 자기 부정의 단계까지 갔다.

불평이 없고 싸움이 없는 가정이 이상적인 가정일까? 가족의 화목한 모습이 가식인 경우 자녀는 그 안에서 숨 막히게 답답하다. 사람이 희로애락을 모두 느껴야 정상적인 인간이 되듯 가정도 마찬가지다. '희'나 '애'만을 추구하고 드러내는 가정을 건강한 가정이라고 할 수는 없다. 건강한 가정은 완벽한 가정(perfect family)이 아니라 '충분히 좋은 가정(enough-good family)'이다.

이후 준형이는 병원으로 연계되어 약물과 정신과 상담을 받고 있고, 부모도 면담을 통해 치료 중이다. 다행히 부모는 아이의 이번 일을 계기로 자신들이 왜 이렇게 완벽함만을 추구하게 되었는지 과거의 상처를 찾아 이해함으로써 현재 삶을 바꾸는 노력을 하고 있다.

왜 아이들이 자살을 시도할까?

준형이처럼 소리 없이 자살 시도를 하는 아이가 있는가 하면, 충동적인 자살 행위를 보이는 아이도 많다. 엄마랑 다투다가 화가 나서 창문으로 뛰어내렸던 아이가 있는가 하면, 친구들의 괴롭힘에 옥상에 올라가서 투신해버린 사건도 자주 접한다. 최근에는 학업 스트레스로 목숨을 끊는 경우가 증가하고 있다. 2012년 2월에 있었던 자율형사립고 학생은 극심한 학업 스트레스를 호소하는 유서를 남기고 떠났다. 보고에 따르면, 최근 몇 년간 잇따라 발생한 자사고나 특목고 학생들의 자살 사건은 지나친 학업 경쟁과 상관이 높다.

이론적으로는 13세 이하 아동의 자살 발생률은 매우 낮다. 아이들이 욕구 충족이나 애착 대상 면에서 아직 의존적이고 자신의 정체성이 미확립된 상태이기 때문이다. 자아정체성을 확립해야 자살을 시도할 수 있을 정도의 독립성을 지니게 된다. 아이들이 자살을 생각하게 되는 것은 적개심이 자기 자신을 향하기 때문이다. 외부로 원망과 화를 표출할 수 없는 아이들이 극단적으로 자기를 해치는 것이니, 이 얼마나 고통스럽고 위협적인 일인가. 청소년의 삶은 이제 막 아침을 시작하는 시간이다. 그런 아침을 사는 청소년들이 나머지 시간을 다 접어야 할 만한 이유는 무엇일까?

청소년 자살 시도 유형을 살펴보면 첫째, 가족 간 갈등이 많거나 가족 내 폭력 및 부모의 거부적 부정적 양육 태도 환경에서 자란 아이이다. 이런 가정에서 자란 아이들은 발달 초기부터 신체적으로나 정서적으로 결핍이 많고 자신의 존재감이 늘 불안정하기 때문에 갈등이나 문제가 생기면 자신을 탓하기 쉽다. 그래서 자신만 사라지면 된다는 생각에 자살을 선택한다.

두 번째 유형으로는 긍정적으로 동일시할 수 있는 따뜻한 부모상이 결여된 아이이다. 가족 내의 갈등이 표면적으로 두드러지지 않아도 부모와 친밀감을 형성하지 못한 아이들이 있다. 이들은 부모 외의 성인들과도 친밀감을 느끼기 힘들기 때문에 어려운 상황에서 의지할 사람이 아무도 없다고 느낀다. 정서적 지지를 못 느끼기 때문에 혼자라는 서글픔에서 벗어나고 싶어 자살을 생각하기도 한다.

세 번째로 우울증을 가진 아이이다. 청소년기의 우울증은 발생 비율이 매우 높다. 우울 양상이 있는 사람은 그렇지 않은 사람보다 자살 충동을 더 많이 느낀다고 한다. 그래서 많은 과학자가 우울증을 자살로 이어질 수 있는 중대한 전조 증상으로 간주한다.

네 번째로는 스트레스에 취약한 아이이다. 특히 친구 관계가 원만하지 않거나 관계가 저조하면서 자존감도 낮은 아이들이 스트레스가 많아지면 자살 시도를 하게 될 위험이 높다. 내적 자존감이 떨어져 있는데 외부 사건이 엎친 데 덮친 격으로 생기면, 이를 감당할 심적 에너지가 부족하기 때문에 돌파구로 자살을 생각한다.

다섯 번째로 미래에 대해 부정적 관점을 많이 갖고 있는 아이이다. 자신의 미래에 대해 기대감이 없고 절망적으로 생각하며 현실적인 계획이 부족한 아이는 현재의 상황을 불평과 고통으로만 본다. 해가 떠도 희망은 뜨지 않는 내일을 사는 것이 고통일 뿐이다.

여섯 번째로 충동 조절 능력이 부족한 미성숙한 성격을 지닌 아이이다. 이들은 자신의 억울함이나 분노를 참지 못하고 자살 시도를 쉽게 여기며, 한순간에 엄청난 사건을 만들곤 한다. 실제로 성적이 떨어진 아들에게 몇 마디 잔소리했다고 아파트에서 떨어졌던 사건도 있다. 또한 엄마가 자신이 원하는 아이패드나 휴대전화를 안 사준다고 자신의 핸드폰을 망가뜨리고는 방 안에 들어가 자기 방에서 뛰어내리려던 아이를 간신히 구해주었던 사건도 있다. 이들은 부모가 자신의 욕구를 거절하는 순간의 감정을 조절하지 못하고 극단적인 행동을 한 것이다. 다행히 생명에 지장은 없었지만 부모와 아이에게 엄청난 외상후스트레스를 남겼다.

일곱 번째는 다른 사람의 행동을 모방하는 아이이다. 친구의 자살이나 유명 연예인의 자살을 통해 자살 충동을 쉽게 느끼며, 자살을 미화시켜보려는 행동까지 한다. 한 중학교에서 친한 친구가 자살하자 얼마 지나지 않아 친구를 따라 죽은 유형도 이런 경우이다.

마지막으로 정신질환으로 인해 자살 시도를 하는 아이도 있다. 부모나 친구의 가혹한 괴롭힘이 망상이나 환각 증상으로 마음에서 계속 울려나와 어쩔 수 없이 자살 시도를 하게 된다고 호소하는 아이도 있다. 스스로 억압이 심했던 아이의 경우, 쌓인 분노로 인해 난폭한 행동을 드러내고픈 내면의 목소리에 대해 죄책감을 느끼면서 자신을 없애버리려는 경우도 있다. 준형이도 이와 비슷한 단계의 모습이다.

자살 충동이나 행위를 막으려면

　아이들의 자살을 막기 위해서 부모나 성인들이 어떻게 해야 할까? 적절한 사회적 관계를 유지하고 있을 때 연령에 관계없이 자살 시도 비율이 낮다는 연구가 있다. 따라서 자녀가 소통할 누군가가 있는지를 살펴보고 혼자 고립되지 않도록 돕는 것이 필요하다. 또 다른 연구에서는 상실과 가족의 지지 부족이 청소년기 자살 시도의 가장 중요한 요인이라고 보고했다. 청소년이 느끼는 상실은 자기가 하고자 하는 바를 못하게 가로막을 때 많이 갖는다. 또한 자신이 원하는 것을 지지하지 않을 때 가족의 지지가 부족하다고 느낀다. 따라서 자녀가 좋아하고 하고자 하는 바가 부모의 기대와 맞지 않는다고 무조건 반대할 것이 아니라, 그것을 수용할 수 있는 타협점을 찾아주려는 자세가 필요하다.

　자살을 막을 수 있는 가장 필수 요소 중 하나가 바로 '긍정적인 자아정체성'이다. 스스로가 가치감, 의미감, 목적성 등을 느끼도록 하는 것이다. 긍정적 자아정체감을 갖게 하는 첫 단추는 부모의 무조건적 사랑이다. '내가 어떤 모습이라도 부모가 나 자신을 사랑해준다'는 확신이 있어야 한다. 다른 말로 무비판적 사랑이다. 부모가 조건적인 사랑을 보여주면 그 조건을 충족시키지 못할 때 자녀는 존재감에 위기를 느낀다. 공부를 잘해야만 부모의 인정과 사랑받을 수 있다고 느끼는 아이가 부모 기대만큼 만족스러운 성적을 못 내면 존재감의 위협을 받게 된다는 의미다.

　치명적이지 않은 자살 시도를 하는 사람들은 자살과 죽음에 대해서 이야기하거나 자살 계획을 사전에 명확하게 드러내는 경우가 많다. 이러한 징조를 잘 발견한다면 자살을 효과적으로 예방할 수 있을 것이다. 의도적인 자살 시도는 관심을 끌거나 동정을 받고 싶거나 주변 사람들을 조종하기 위한 목적의 필사적인 몸부림으로 해석할 수 있다. 따라서 의도된 자살은 반드시 죽음이 목적이라기보다는 자기 삶을 향상시키기 위한 타인과의 의사소통 행위로 받아들여야 한다. 이렇게 극단적 방법으로 자신의 뜻하는 바를 전달하는 것은 그 가정의 소통에 문제가 있다는 증거이기도 하다. 따라서 가정의 병리적인 의사소통을 알아보고 그것을 바꾸는 노력도 필요하다.

성경 속의 "상한 갈대도 꺾지 않고, 꺼져가는 등불도 끄지 않는다"는 말이 내 마음을 먹먹하게 한다. 아무리 보잘것없고 사라져가는 존재처럼 보여도 그 어떤 생명도 소중하지 않는 것이 없다. 하물며 막 피어나는 새싹 같은 우리 아이들의 생명은 오죽하랴. 파킨스 병으로 타계한 전 교황 요한 바오로 2세의 죽음이 아름다운 것은 그 심한 육체적 고통 속에서도 삶을 스스로 놓지 않고 끝까지 최선을 다해 살아간 숭고한 삶의 자세 때문이다.

사람은 나를 사랑하는 사람이 적어도 1명 이상 있다고 확신하면 자살을 생각하지 않는다고 한다. 우리 아이들의 생명을 끝까지 지키기 위해선 아직 홀로 서기가 충분하지 않은 그들의 삶에 충분한 관심을 갖고 고통에 함께 동행하여 위로해주는 격려가 필요하다. 그래서 상한 갈대도 꺾지 않고, 꺼져가는 등불도 끄지 않는 그런 사랑이 진심으로 전달된다면 삶을 포기하고 싶은 청소년들의 생명 꽃이 다시 피어오르리라 믿는다.

스스로를 옥죄는 삶, 완벽주의

성실하던 아이가 갑자기 돌변한 이유

공부도 스스로 알아서 하고 꽤 좋은 성적을 유지하고 있던 중학교 2학년 정아. 엄마는 2학년 1학기 중간고사에서 이제까지 중 최고의 성적을 받아온 정아가 내심 대견했다. 그랬던 정아 엄마가 눈물을 흘리며 상담실에 앉아 있다.

"정아의 행동이 다 마음에 드는 건 아니지만 그래도 아이랑 부딪히지 않고 별 탈 없이 지내왔어요. 중학교에 들어가서도 다른 아이들이 사춘기로 힘들게 할 때도 부모에게 크게 거슬리는 행동을 하지 않아서 사춘기가 그렇게 심하지 않게 지나는 줄 알았는데……"

정아는 2학기가 되면서 갑자기 모든 것에 자신이 없고 못하겠다면서 학교 가기를 힘겨워하기 시작했다. 그러더니 2학기 중간고사 한 달 전

쯤부터는 이렇게 계속 사는 게 정말 힘들고 학교 가기 싫다면서 늦게 일어나고, 지각을 할 바에는 아예 안 가겠다고 하는 등 학교 가는 것을 강하게 거부하는 모습이었다. 놀란 엄마가 정아에게 이유를 물어봤다.

"이런 식으로 앞으로 4년을 더 지내야 한다고 생각하면 정말 끔찍해. 공부를 해야 하는 건 아는데 책상 앞에 앉으면 오만 가지 생각에 머리만 아파. 공부도 안 되고 자꾸 멍해져."

열심히 공부하고 성적도 좋았던 정아가 갑자기 이렇게 손을 놓아버리는 행동을 하는 데 엄마는 매우 놀랐다.

"왜 아이가 이렇게 극단적인 생각을 할까 답답하기만 해요. 누구나 다 거치는 학창 시절인데 왜 정아만 빨리 겁먹고 제대로 하지 못할 것이라고 미리 단정해서 안 하려는지 모르겠어요."

엄마는 여름에 정아가 특목고를 준비하면서 수학 선행으로 꽤 열심히 공부하면서 보냈는데 이때 너무 지쳐버린 건 아닌지 모르겠다며 후회스러운 눈빛으로 말했다.

참 안타까웠다. 엄마에게도 충격이었을 것이고 정아도 오죽하면 이 지경까지 왔을까 싶다. 의외로 정아처럼 공부도 잘하고 나름 성실한 아이들이 갑자기 모든 것을 놓는 모습을 보이는 경우가 많다.

정아와 비슷한 경우였던 한 아이가 떠오른다. 전교 상위권이던 서희가 중학교 3학년이 되더니 잠만 잔다. 엄마는 잘하던 딸아이가 갑자기 공부는 안 하고 잠에 취해 사니까 아이가 기면증인가 의심할 정도였다. 서희는 평소 수업 중에 선생님이 말씀하는 것은 토씨 하나 틀리지 않게 모두 적고, 자습서나 교과서를 거의 달달 외울 정도로 공부를 했다. 그런 서희가 더 이상 공부하기가 힘들다고 하니 엄마는 서희에게 무슨 문제가 생긴 건지 걱정하며 상담실로 데리고 온 것이다.

정아나 서희처럼 나름 매우 성실하게 지냈던 아이들이 왜 갑자기 이런 지경에 이르는 것일까?

가장 스트레스를 많이 받는 중학교 아이들

이들은 사실 매우 빨리 지쳐버린 것이다. 흔히 방전(burn-out)된 모습이라고도 한다. 이는 자신의 행위에서 의미를 찾지 못한 채 계속 그 행위를 반복하다가 심적 에너지가 고갈되면서 나타나는 일종의 탈진 상태이다. 사람은 '지정의'의 모든 영역이 골고루 균형을 이룰 때 안정감을 느끼고 만족스럽다. 그런데 한 가지 일에만 매달리다 보면 그 일의 본질은 잃어버리게 되고, 내가 왜 이것을 하고 있는지 의미를 잃어버리면 하고 싶은 마음도 사라지면서 더 이상 움직여지지 않는다.

이제 중학생인 정아나 서희가 이렇게 에너지가 소진된 모습을 보이는 것은 중간 중간 심적 보상 없이 에너지만 계속 썼기 때문이다. 그만큼 심리적 스트레스가 컸고, 그것을 적절하게 풀어낼 시간이나 여유는 없었다.

지금 중학교 아이들이 받는 스트레스는 매우 높다. 학업 스트레스를 가장 많이 느끼는 시기가 고3이 아니라 중학교 시기라는 말도 있다. 나이는 어린데 해야 할 공부는 많고, 그것을 감당할 신체적 조건이나 심리적 여건이 안정적이지 못하다 보니 고등학생보다 스트레스를 많이 받고 취약한 모습을 보이기도 한다.

예전에는 이런 모습들이 고등학생 시기에 나타났다. 대입 시험 준비에 쫓기고 수험 생활에 찌들다 슬럼프가 오면 공부에 의욕이 사라지고 힘겨워 일어날 힘을 갖지 못하는 것이다. 그래도 고등학생들은 그것을 어느 정도 감당하고 견딜 수 있는 심적 능력이 있는 상태이기에 모든 것을 팽개칠 정도로 나락에 빠지지는 않는다. 하지만 중학생은 신체적 성숙에 비해 인지적 성숙, 특히 정서적 성숙이 이에 미치지 못하기 때문에 공부에 진 빠진 아이들이 다시 마음을 잡기란 참으로 힘들다. 그래서 요즘 중학생들이 그렇게 요란스럽게 사춘기를 보내는가 보다.

청소년의 완벽주의

그런데 똑같은 학업 스트레스를 겪고 있는 중학교 아이들 중 정아와 서희가 유독 심적 에너지의 고갈이 더 심한 이유는 무엇이었을까? 심적 에너지가 부족한 데는 여러 이유가 있지만, 이 둘의 두드러진 특징 중 하나가 완벽주의적 성향이다.

정아는 자신의 학업이나 생활에 대해 남이 뭐라 하는 것을 질색한다. 특히 자신에게 뭐라 핀잔하는 것을 못 견디게 싫어해서 어릴 때부터 자존심도 세고 고집스럽다는 말을 자주 들었다. 자라면서 그런 성향이 더 강해지더니 공부에서도 친구들에게 지기 싫어했다.

서희는 남들에게 자기를 표현하는 것을 어려워했다. 혹시 자기가 잘못 말해서 상대방이 뭐라 하면 어떡할까 걱정되어 아예 말을 잘 안 하

고, 주로 친구들 이야기를 들어준다. 혹시라도 준비물을 빠뜨리면 엄마
가 아무리 멀리 나가 있어도 꼭 갖다 달라고 했고, 자기가 쓰던 방식으
로 글이 깨끗하게 정리되지 않거나 글씨가 마음에 들지 않으면 모두 다
시 고쳐 썼다.

이런 '완벽적 성향'이 그렇게 열심히 하던 아이를 갑자기 아무것도 하
기 싫어지게 만드는 것이다. 이들은 '도 아니면 모'로 생각하는 특징이
있다. 제대로 안 될 바에야 아예 안 해버리겠다는 자세다. 부족한 부분
이 있다는 것을 좀처럼 인정하고 싶어 하지 않고, 혹시 그런 모습으로
비춰질 것 같으면 아예 시작도 하지 않는다. 그러면 차라리 안 해서 결
과가 나쁘다는 설명이 가능해지니까.

보통 완벽주의 성향을 가진 아이들 중에 이런 모습이 많다. 그래서
잘할 수 있는데 안 하고는 여러 이유를 대며 스스로를 합리화한다. 다
음에 기회가 될 때는 정말 잘 해낼 거라는 식으로 자신이나 주변 사람
을 설득하는 것이다. 이는 일종의 방어다. 자신의 실패나 좌절을 바라
보는 것이 힘들기 때문에 생긴다. 삶이라는 게 '완벽'하기 힘든 게 이치
인데, 이에 대한 왜곡된 생각이 자리 잡으면서 완벽하게 만들려다 보니
어쩔 수 없이 생기는 좌절들을 수용하기 힘들다. 그 좌절이 끔찍해서
자꾸 안 하려고 한다. 차라리 시도조차 안 해서 결과가 나쁘게 나왔다
는 식으로 합리화하며 자기 방어를 하려 한다.

정아나 서희 같은 완벽 성향을 가진 사춘기 아이들은 '내가 어떤 모
습이 되어야 하는가'와 '자신이 실제로 어떤 모습이라고 생각하는가' 사
이에서 괴리감을 느낀다. 이상적인 자아를 많이 추구하지만, 실제 자신

의 모습은 그것에 훨씬 미치지 못하는 존재로 보는 경향이 많다. 정아와 서희가 처음에 공부를 미친 듯이 열심히 할 수 있었던 이유도 바로 이러한 이상적 자아와 현실의 자아의 격차를 줄이기 위해 더더욱 열심히 노력하는 완벽주의자의 모습을 가졌기 때문이다.

이렇게 미친 듯이 매달릴 때는 친구들과의 비교도 심하고 자기를 따라잡는 친구에 대한 경계도 심해 늘 긴장한다. 완벽 성향을 가진 한 중학생 아이는 "남들과 지나치게 비교합니다. 문제를 풀다가도 친구가 더 잘 풀고 있다면 자꾸 돌아보게 됩니다. 마치 나보다 더 잘하는 건 용서할 수 없다는 듯이 말이죠" 하고 고백했다.

차가 기름이 바닥나면 멈춰 서는 것처럼 사람도 계속 달려갈 수만 없다. 따라서 에너지를 소진해버리면 좌절한 완벽주의자의 모습으로 돌변하게 된다. 그것은 아예 싸움을 포기하는 것이다. 싸우지 않고 피하기만 한다. 지금 정아와 서희의 상태는 완벽 성향으로 인해 자신에게 지나치게 엄격했고, 행복이나 기쁨을 누릴 마음의 여유를 주지 않은 탓에 심리적 에너지가 고갈된 단계이다. 그리하여 할 수 없을 것 같다는 불안감에 휩싸이면서 좌절해 있는 상태이다.

청소년들의 완벽주의는 성인들과는 달리 몇 가지 특징적 모습이 있다. 첫 번째, 같은 또래 아이들보다 이상적인 것을 추구하는 성향이 두 배 정도 강해 완벽주의 성향의 청소년이 극심한 감정 변화에 특히 취약하다. 그렇지 않아도 사춘기에는 이상적 자아가 팽배해지는 시기인데, 이들은 또래보다 더 높은 수준의 이상적 자아상을 갖고 있기 때문에 현실의 자아를 인정하기가 어려울 수 있다. 그리하여 수치심, 죄책감, 좌절감 등도 많이 느끼면서 이를 극복하려고 무진장 애를 쓴다. 하지만 좀처럼 충족되지 않기 때문에 자신이 늘 부족하다는 생각에서 벗어나기 힘들어 미래에 대해 부정적이다.

둘째, 통제(control need)적 상실을 두려워하며 자신보다는 남을 기쁘게 하는 데 몹시 신경 써서 실제 느끼는 분노를 자주 억제한다. 그러다 보니 그것이 사소한 짜증이나 침울함, 우울 또는 불안의 형태로 드러나기도 한다. 그러다가 큰 자극을 받으면 갑작스럽게 격한 분노로 드러나 주위 사람을 당황하게 만든다. 자신의 생활을 통제하려는 욕구가 커서 자기가 원치 않는 일들이 생기는 것을 매우 싫어하고, 이렇게 예측되지 않은 일이 많아지면 불안이 높아지면서 감정 억제가 힘들어진다.

셋째, 완벽 성향을 보이는 아이들의 경우 지연 행동 때문에 부모와 갈등을 많이 겪는다. 정아와 서희처럼 능력은 있는데 자꾸 하지 않거나 못하는 모습에 부모는 울화통이 터진다. 미루는 행동이 생기는 이유는 노력할 시간이나 기회가 없었다는 평을 듣는 것이 능력이 부족했다는 말을 듣는 것보다 훨씬 낫다고 여기기 때문이다. 그런데 학습 지연 행동은 부모의 과도한 기대 및 비판과 관련 있음이 밝혀졌다. 기대에 부응하지 못할 것에 대한 두려움 때문에 막상 해야 할 행동을 피하는 것이다.

또한 완벽주의 성향의 사춘기 아이들은 자존감에서 차이가 있다. 그들은 조건적인 자존감을 갖는다. 즉 부모가 자신의 어떤 모습도 사랑해 준다고 여기는 자존감이 아니라 부모가 원하는 조건에 맞을 때 자신이 사랑받는다고 여긴다. 그래서 부모의 칭찬이나 거절에 매우 민감하다. 부모의 기대에 예민하고 비난과 비판을 듣고 싶어 하지 않아서 아예 실행하지 않는 것이다. 그리고 부모가 실제로는 그렇게 크게 비난하거나 비판하지 않았을지라도 당사자는 매우 강하게 받은 것으로 과대 인식하는 경우가 많다.

신경증적 완벽주의 VS 건강한 완벽주의

완벽주의는 삶의 일부 또는 모든 영역에서 결백하고 흠이 없기를 갈망한다. 그렇다면 완벽주의는 모두 나쁜 것일까? 완벽적 기질을 보인다고 모두 병리적인 것은 아니다. 완벽주의를 꼭 나쁘게 생각할 필요는 없다. 완벽주의를 극단적 완벽주의와 적당주의의 이분법적으로 볼 게 아니라, 연속적인 과정에서 '적당주의-건강한 완벽주의-신경증적 완벽주의'처럼 하나의 연결선에 놓인 모습으로 보는 것이 바람직하다. 한 연구에 따르면, 전체 인구에서 적당주의는 33퍼센트, 건강한 완벽주의는 42퍼센트, 신경증적 해로운 완벽주의는 25퍼센트이다.

그럼 신경증적 해로운 완벽주의 성향을 보이는 사춘기 아이들은 어떤 모습일가? 주로 실수에 대한 반응에서 알 수 있다. 이들은 건강한 사춘기 아이들에 비해 좀 더 예민해한다. 다음은 중3 아이의 인터넷 상담 내용이다.

"친구들 앞에선 조금도 흐트러짐이 없으려 하고요. 예전에는 친구들한테 '이 기지배야, 저 기지배야' 그랬는데, 요즘은 친구들에게 쓰는 말도 고민 고민하다가 말해요. 옷도 아무거나 꺼내 입었다가도 이상하게 보일까 봐 이 옷 입었다 저 옷 입었다, 머리도 이렇게 빗어봤다 저렇게 빗어봤다 한다니까요. 조금이라도 말실수를 한 날에는 밤에 그거 생각하느라 잠도 못 자요. 제가 보기에도 정말 도가 지나친 것 같아요."

친구들 앞에서 하는 말이나 행동에 집착하면서 밤잠도 설치는 모습이다. 자신이 잘하는 모습보다는 실수에 더 신경을 많이 쓰기 때문에 항상 내가 뭔가 부족하다는 수치심을 자주 느낀다.

신경증적 완벽주의 성향이 높은 사춘기 아이들은 자기 과제에 대해 철저하다. 학교나 선생님이 기대하는 바대로 행동하는 경향이 높고 자신이 속하는 집단이 원하는 것을 따르는데, 과제 하는 방식에 대한 개인적 기준이 높기 때문에 잘할 수 있다. 중요한 과제에서 완벽하게 하려 하면 좋은데 가끔은 불필요한 것에 집착해서 정말 해야 할 것을 놓치는 경우도 있다. 예를 들어 글씨가 지저분하다고 다시 지우고 몇 번씩 고치다 보면 공책이 찢어져버리는 지경에 이르게 된다. 그렇게 주변을 신경 쓰다 결국 중요한 학습 내용은 놓치기 쉽다.

또한 신경증적 완벽주의 성향을 보이는 아이들은 다른 사람들로부터 인정받고자 하는 욕구도 좀 더 강하다. 그래서 자신이 원하는 인정을 다른 친구가 받으면 시기하는 경향이 많다. 아무리 스스로 잘했다고 여겨도 주변 사람들이 인정해주지 않으면 쉽게 좌절하고, 주변 사람들의 욕구를 만족시키려고 매우 열심히 한다. 그러다가 자신이 왜 이렇게 열심인지 길을 잃으면 매사가 무의미하다고 생각한다.

반면 건강한 완벽주의자는 어떤 모습일까? 한 예로 이들은 이상적 자기와 현실의 자기의 차이, 즉 양극단의 긴장을 수용하면서도 견디어가며 살아갈 수 있는 능력을 지닌 사람이다. 지나친 성취욕이나 좌절로 아예 포기하는 것이 아니라, 성공과 좌절의 긴장을 받아들이면서 자신이 이룰 수 있는 중간 지점을 찾아 완성하는 삶을 산다.

정상적인 건강한 완벽주의 모습을 갖는 사춘기 아이들은 먼저 자신에 대해 너무 높지도, 그렇다고 너무 낮은 기준을 적용하지도 않는다. 적절한 자기 기대가 있다. 또한 신경증적 완벽주의자들에 비해 실수에 대한 걱정이 거의 없다. 실수를 두려워하지 않고 잘 수용한다. 부모의 사랑을 의심하거나 부모의 비판을 느끼는 수준도 낮다. 그리고 자신들의 행동을 별로 의심하지 않는다. 계획성이 높으나 계획대로 되지 않은 현실에 신경증적으로 반응하지 않는다.

완벽주의 아이들 돕기

정아나 서희 같은 완벽주의 성향의 아이들을 어떻게 도울 수 있을까? 먼저 그들의 사고 패턴에서 왜곡된 양상을 이해해주는 것이 필요하다. 완벽주의의 사고 유형에서 가장 큰 문제는 '전무 또는 전부'의 사고 양상이다. 하려면 완벽히 해야 한다는 강박 때문에 힘이 들 경우 아예 안 해서 아무 소리도 듣지 않겠다는 생각을 한다.

이렇게 생각하는 기저에는 실수에 대한 두려움과 비난받는 것에 대한 수치심이 크게 작용한다. 실패나 처벌, 거절 등 부정적 결과에 대한 두려움이 원인이다. 따라서 부모가 먼저 다독거려주어야 할 것은 두려움, 수치심 같은 마음이다. "왜 그렇게 극단적으로만 생각하냐"고 아무리 이야기해봐야 아이의 생각은 쉽게 바뀌지 않는다. 먼저 부모는 아이에게 실수해도 괜찮다고 충분히 여지를 주고, 나쁜 결과에 대해 결코 비난하지 않아야 한다.

특히나 어릴 때부터 실수한 것에 대해 부모로부터 자주 호되게 비판받은 아이일수록 완벽적 기질이 더 강하다. 사춘기 자녀에게는 더 이상 부모의 일방적인 꾸중도 잘 먹히지 않는다. 자아가 강해지면서 자신을 함부로 말하는 것을 더 이상 들으려 하지 않기 때문이다. 완벽 성향이 있으면 이러한 모습이 더욱 심해지기 때문에 비난을 피하기 위해 굉장히 노력을 많이 한다. 부모는 아이의 이런 모습을 보면서 기뻐할 것이 아니라, 아이에게 그렇게 애쓰지 않아도 괜찮다는 것을 끊임없이 반복해서 알려줘야 한다.

그래도 아이가 쉽게 믿으려 하지 않을 것이다. 완벽 성향의 아이가 쉽게 받아들이지 못하는 이유는 변화에 대한 저항, 경직성이 많기 때문이다. 부모의 태도가 아주 확실하게 달라지지 않는 한 받아들이기 힘들어하는 것이다. 따라서 부모가 인내심을 갖고 아이의 결과에 대해 크게 비난하지 않으며 실수를 수용하는 모습을 사춘기 아이에게 적극적으로 보여줘야 한다. 부모의 이러한 모습을 통해 아이는 '전부 아니면 전무'의 사고 패턴을 조금씩 수정할 수 있다. 아이가 사고의 왜곡된 모습을 스스로 바꾸고자 하는 것은 후기 청년기에 가서야 가능하다.

완벽적 성향의 아이들은 자신이 원하는 바대로 되지 않아 생기는 결함을 인정하기 싫어하는 모습이 많다. 이것도 다른 사람의 비난을 받기 전에 자신을 심하게 질책함으로써 다른 사람에게는 긍정적 평가와 인정, 더 나아가서는 존경을 받고 싶기 때문에 나타나는 필수적인 사전

작업이다. 이런 경우도 마찬가지로 결함을 수용하지 못하는 아이를 질책하는 게 아니라, 사춘기 아이가 그렇게 해야만 하는 마음을 이해해주는 것이 먼저이다. 이는 아이가 다른 사람의 평가에 대한 두려움 또는 인정받고자 하는 강한 욕구가 있는 것이므로, 결함이 있다고 크게 잘못한 것은 아니라는 메시지를 계속 보여주어야 한다. 그 결함이 나머지 전체를 망가뜨리진 않는다고 알려줌으로써 실패의 두려움을 다독여야 한다.

정아와 서희에게 가장 먼저 처방한 것은 휴식이다. 최소한의 학교생활을 유지한 채 아이가 하고 싶어 하는 대로 두는 시간을 주었다. 그리고 하고 싶은 것을 다시 찾도록 도왔다. 초등학교 때 보이던 수많은 호기심이 공부로 가려지면서 하고 싶은 것도 전혀 없이 잠만 자거나 공부하기 힘들어하는 것은 마음의 여유가 없기 때문이다. 따라서 마음의 힘을 다시 회복시켜주는 게 과제였다. 그리고 친구들과 어울리는 시간을 갖도록 했다.

이 두 아이의 또 다른 공통적 특징은 학교에서 친구와의 관계가 생각만큼 잘 이루어지지 않았다는 점이다. 정아는 2학년이 되면서 친했던 친구가 외국으로 나간 뒤 단짝을 찾지 못했다. 이런 상황에서 방학 동안 여러 선행 과제로 시간을 거의 보냈고, 아빠가 일이 많아지면서 출장이 잦아져 가족과 함께 지내는 시간조차 없었다.

서희는 원래 성격이 고지식하고 모범적이라 친구들과 노는 게 그다지 재미있지 않았다. 어울려 놀 친구가 없진 않지만 책을 읽는 게 더 편했다. 친구들의 연예인 이야기나 관심거리에 별로 흥이 나지 않았다.

자신을 이해해주는 것은 친구보다는 책 속 주인공이고, 이를 통해 충분히 공감받는 느낌이라 친구에 크게 연연하지 않는단다.

이처럼 정아나 서희는 사람들과의 관계에서도 충분히 만족스럽지 못하고 회피적인 모습이 많다 보니 관계를 통한 만족감 없이 공부에만 전력하게 되었다. 공부만 하고 어느 정도 점수를 얻으면 성취감도 있었지만, 이런 기쁨은 잠깐이고 성적을 유지해야 하는 데 상당한 스트레스를 느끼기 시작한 것이다. 그래서 놀고 싶은 친구들과 만나서 놀 수 있는 충분한 시간을 갖도록 하였다.

정아는 자존심 강하고 자기 방어가 큰 사춘기 아이라 상담이나 놀이치료를 거부하였다. 하지만 부모 상담을 통해 아이가 학업에 미리 겁먹고 좌절하게 된 것이 부모와 함께하는 시간이 부족한 때문임을 알았고, 이에 아이를 기다려주면서 정아가 하고자 하는 대로 따라가주었다. 시험에서 몇 번 낮은 점수를 받아와 불안해하는 부모를 위로하는 한편, 정아가 밝아지는 모습이나 조금씩 스스로 하려는 모습 등의 작은 변화를 부모가 인식하면서 인내심을 갖고 기다리도록 도왔다.

정아는 3학년이 되어 친한 친구와 같은 반이 되고 안정을 찾아가면서 조금씩 학업을 다시 시작하려는 마음이 생기는 중이다. 부모는 정아가 좀 더 자유롭게 자신이 원하는 방식으로 학업을 할 수 있도록 정규 교육 방법 외의 다양한 교육 방책을 고민 중이다. 부모 상담을 통해 부모가 아이의 완벽적 행동을 이해할 수 있도록 하고, 아이의 마음을 어루만지는 '괜찮아' 반응을 연습하도록 하였다.

서희의 경우 공부하는 방식이든 친구를 사귀는 방식이든 먼저 아이가 하고자 하는 방식을 인정하면서 잘못되었다는 느낌을 갖지 않도록 부모의 이해를 도왔다. 잠으로 해결하려던 스트레스를 다른 방식으로 풀도록 유도하여 취미로 기타를 치고 있으며, 기타 동아리 활동을 하면서 친구들과의 교류도 자연스럽게 넓히고 있다.

아이들은 자라는 중이라 성격도 완전히 굳혀진 상태가 아니다. 완벽 기질을 건강한 완벽주의가 되도록 도우면 된다. 심리학자 린다 실버만(Linda Silverman)은 '완벽주의는 치유해야 할 병이기보다 긍정적 방향으로 유도할 에너지'라고 보았다. 스스로를 옥죄는 완벽주의 삶에서 벗어나 자유롭게 자신을 발휘하는 건강한 완벽주의 삶을 이루어가는 정아와 서희를 기대해본다.

사춘기 자녀의 일탈을 부추기는 요인

사람은 살면서 여러 가지 뜻하지 않은 문제를 만날 수밖에 없다. 그러한 문제가 아이가 감당하기 힘들 정도로 심한 외적 갈등을 불러일으키거나, 문제의 강약을 떠나 내적 갈등을 심화시킨다면 아이는 엄청난 스트레스를 받게 된다. 그러면 적응력이 떨어져서 다양한 심적 사회적 부적응 행동을 일시적이든 일정 기간이든 경험하게 될 수밖에 없다. 그리고 이러한 사건들은 특히 사춘기 자녀들에게 일탈을 부추기는 환경이 된다. 그런 문제들에는 무엇이 있을까.

1. 성 호기심

중학생 남자아이들은 조금이라도 성적인 표현과 연관된 말이다 싶으면 매우 흥분하고 자기들끼리 신나한다. '불'자만 봐도 '불알'이라 얘기하고, 예쁜 여자 사진을 보면 섹시하다는 표현을 넘어 '창녀'라 부르기도 하고, '게'자만 나와도 '게이'라 하면서 자기들끼리 키득거린다. 그러다가 야한 동영상을 자주 접하면서 여자를 밝힌다. 예쁜 여자라고 생각되면 졸졸 따라가고, 여자 선생님께도 눈빛이 달라진다. 교실에서 몰래 돌려 보던 야동을 틀어 반 전체가 뒤집어지는 일도 허다하다. 그런데 이 정도는 애교 수준이다.

친구로부터 들은 중학교 남학생들의 이야기는 정말 충격적이었다. 엘리베이터에서 서너 명의 남자 중학생이 "너는 여자랑 자봤냐" 하고 숙덕거리는데, 한 아이만 주위의 시선을 의식해 머뭇거릴 뿐 나머지 아이들은 아무렇지 않게 "자봤다"며 자랑을 하더란다. 이게 정말일까 싶어 가슴이 철렁한다. 도대체 어떻게 이런 일이 가능할까?

사춘기 자녀들이 그릇된 성관계 장면의 영상에 자주 노출되면서 성적 충동을 해소하려는 행동으로 옮기고 싶어 한다. 이는 성폭력 행동으로 진행될 위험이 크다. 자기 절제가 안 되는 사춘기 남아들이 사촌 여동생을 성폭행하는 등의 사건이 그렇다. 야동 문화에 접하면서 성적 호기심이 커져서 성적 충동을 느낀다면 아이에게 성교육이 반드시 필요하다. 부모는 사춘기 자녀가 무분별하게 야동을 접하지 않도록 주의시켜야 하는데, 성적 충동 행위의 문제뿐 아니라 폭력성이나 선정성 그리고 술 문화를 쉽게 접할 수 있는 위험도 높아지기 때문이다.

미국 보스턴대의 발달교육심리학자인 레베카 콜레이 박사 팀이 진행한 연구에 따르면, 자녀의 성적 충동 행위를 막는 데 아빠와 좋은 관계를 맺는 것이 도움이 된다. 가족과 보내는 시간이 많은 청소년이 성적 위험 행동을 덜했으며, 특히 아빠와 사이가 좋은 청소년은 성적 위험 행동을 평균보다 7퍼센트 덜 했다고 한다. 아빠의 개입이 성적 위험 행동을 줄인다는 상관관계가 있으므로, 아빠가 아이의 친구 및 활동에 대해 더 많이 아는 것이 문제를 예방하거나 해결하는 데 도움이 된다는 것이다.

2. 아동기의 정서 학대 경험

신체적 학대뿐 아니라 정서 학대도 엄연한 학대이다. 정서 학대에는 성, 신체, 감정적인 학대와 무시가 포함된다. 어릴 때 이 같은 정서적 학대를 받은 학생들은 내적 갈등이 많은데, 자기 비하에 빠져 타인과 관계를 형성하는 데 어려움을 겪는다. 또한 이런 학대 경험이 심하면 외상후스트레스 장애를 일으킨다. 이는 어린 시절의 학대와 상황을 이해하지 못하고 문제 자체를 자신의 내면으로 체화해버린 결과이다. 결국 정서적인 학대가 개인의 성격을 좌우할 뿐 아니라 일반적으로 다른 사람과 원만한 관계를 만들지 못하게 한다는 것이다.

3. 애정 없는 아빠

아빠가 아이와 함께 살고 있건 아니건 상관없이 아빠가 적극적으로 양육에 관여할수록 자녀의 행동이 긍정적으로 바뀌며 문제 해결 능력이 높아지는 것으로 나타났다. 또한 우울증이나 사회적 위축(social withdrawal) 같은 정서 불안 증상도 감소하는 것으로 조사됐다. 특히 이 같은 현상은 남자 아이보다 여자아이에게서 더 두드러지게 나타났다. 아빠가 없거나 양육에 별로 관여하지 않는 집안에서 자란 여자아이들은 일반 가정 아이에 비해 더 높은 수준의 정서적인 문제점들을 나타냈다.

아빠의 사랑이 부족하면 딸이 육체적인 사랑을 나눌 때 위험한 관계를 가질 가능성이 더 높다는 연구 결과도 있다. 미국 애리조나 대학 노턴스쿨의 브루스 제이 엘리스 연구원은 아빠의 사랑을 받고 자란 딸과 그렇지 못한 딸의 청소년 시기 성관계 유형을 분석했다. 그 결과 아빠의 사랑이 부족한 가정에서 자란 딸은 미성년에 임신하는 등 '위험한 사랑'을 나눌 확률이 훨씬 높았다. 위험한 사랑을 하거나 동시에 성관계를 하거나 미성년자 임신에 대한 거부감도 적었다. 우리 사회에서 미성년자 원조 교제가 증가하는 것은 아빠로부터 사랑받지 못한 딸들이 많아지고 있기 때문일지도 모르 겠다.

4. 경제적 어려움

사업 등으로 인해 집안이 갑자기 몰락하면서 가정환경이 급격하게 바뀌 었을 때 아이들이 받는 심적 충격은 매우 크다. 앞으로의 삶에 대한 두려움 이 커지면서 자신의 현재의 삶을 수용하기 힘들어하는 모습이 많다. 그래 서 더 낭비적 생활을 하거나 가출하는 모습을 보이기도 한다.

경제적으로 늘 어렵게 살던 청소년들의 경우, 사춘기 때 다른 친구들과 비교하면서 원하는 것을 얻고자 반사회적 행동을 하기 쉽다. 돈을 빼앗거 나 유명 브랜드 옷을 입은 아이의 옷을 강제로 뺏기도 한다. 돈은 없는데 사고 싶고 놀고 싶은 게 많은 아이들이 찜질방에서 자고 있는 사람들의 휴 대전화를 훔치는 최근의 사건들도 결국 이런 이유 때문이다. 그렇게 경제 적으로 어려운 아이들끼리 뭉쳐 집단적으로 행동하기도 하는데, 이 경우 심각한 학교 폭력 문제로 진행되기 쉽다.

5. 불안정한 가정

사춘기 아이들은 정체성을 고민하면서 자신을 불만족스럽게 여기고 이 에 대한 원망으로 남을 탓하는 경향이 크다. 주어진 자신의 형편을 불평하 는 경우가 많은데, 가정이 안정되지 않은 아이들은 이런 불만이 더 강해져 학교에서 짜증을 많이 내고 친구들에게 심통을 부리곤 한다.

학교에서 이유 없이 다른 친구를 괴롭히는 아이들의 배경을 살펴보니 부모님의 이혼 등으로 가정이 불안한 경우가 많았다. 이혼한 부모가 어느 쪽도 아이를 맡지 않으려 해서 고모나 할머니와 지내는 아이, 부모가 자신에게 유리한 방향으로 아이를 조정해 이쪽저쪽 왔다 갔다 하는 아이, 재혼한 가정에서 이혼한 부모에 대한 그리움과 미움으로 갈등하는 아이, 새 부모를 받아들이는 과정에서 오는 죄책감을 견디기 힘들어하는 아이 등 불안한 가정은 사춘기 아이를 더욱 불안하게 한다. 이런 아이들은 비슷한 또래와 어울려 다니며 위로받고 싶어 하며, 잘 지내는 아이들을 괜히 시기하고 질투하며 괴롭히는 모습을 보이기도 한다.

6. 담배와 술

우리나라 남자아이들이 담배에 노출되는 빈도는 굉장히 높다. 중학교 시기에 담배를 배우지 않는 남학생이 드물 정도이다. 학교마다 금지령을 내리지만 쉬는 시간이면 화장실은 연기로 자욱하고, 뒷산이나 후미진 곳을 찾아 어떻게든 담배 피우는 장소를 만들어내곤 한다. 성인들의 담배 피우는 모습이 어른처럼 보여 모방하려는 욕구에서든, 또래 집단의 압력 때문이든, 반항과 자율성의 표시든 간에 어린 나이에 담배를 배우는 아이가 늘고 있는 것이 현실이다.

왜 이렇게 어린 나이부터 담배를 피우고 싶어 할까? 긴장을 완화시키고 싶고, 무의식적인 반사 행동으로 담배를 찾기도 하며, 강박적인 구강 활동으로 유아기의 양육에서 부족했던 쾌락을 찾기 위해서일 수도 있다. 이러한 확산을 막기 위해 학교에서도 공개적으로 금연 수업을 하고 있으며, 담배 광고에 신체적 피해를 더욱 강하게 표현하도록 요구하고 있다.

청소년에게 술 판매가 금지되어 있어도 아이들은 어떻게든 술을 구입한다. 술을 약물로 여기지 않고 술 문화가 만연한 우리나라에서 술에 대한 아이들의 경계심은 높지 않다. 텔레비전 등 매체의 술 마시는 장면은 담배처럼 성인 모방의 충동을 불러일으키고 있다. 특히 일탈된 아이들에게 술과 담배 사용이 심하게 보인다.

일탈 행동이 심해지면서 감각 추구에 내성이 생겨 더 심한 과음을 한다. 폭음으로 비행 행동을 하는 청소년들은 가족이나 사회로부터 소외된 경우가 많다. 과음은 부적응 모습으로 문제를 일으킬 소지가 있는 사람들에게 나타나는 반사회적 행동의 하나이기도 하다.

담배이든 술이든 내 아이가 전혀 모를 것이라고 여기는 부모는 어쩌면 너무 순진한 것이 아닐까? 수학여행 등 부모를 떠나 지내는 학교 활동에서 생각보다 많은 아이가 이런 문화를 경험한다. 호기심에 친구들의 권유로 하게 되는 경우도 많지만, 심리적으로 현실 도피를 목적으로 하는 아이들도 있다. 이는 심각한 성격 문제를 암시한다. 저조한 성적을 보이고 친구나 부모와의 관계에서 친밀하지 못하며, 집이나 학교에서의 적응에 어려움을 겪는다. 그래서 담배나 술을 통해 반항하거나 현실로부터 회피하려는 심리적 불안정을 보이는 경우가 많다.

7. PC방

남자아이들이 사춘기가 되면서 나타나는 대표적 행동이 PC방에 가는 거다. 부모들은 절대 말리지만, 아이들 문화에서 보면 중학생이 되어 친구와 PC방을 가지 않는 아이는 따를 당하는 아이라고 말할 수 있을 정도다. 경쟁하듯 컴퓨터 게임에서 한 판 붙고, 게임에서 일등 한 아이는 공부만큼 아이들 사이에서 인정을 받는다. 그만큼 게임은 우리나라 중학교 남자아이들의 놀이 문화에서 중요하다.

IT 왕국인 우리나라는 어디를 가든 컴퓨터가 없는 곳이 없기에 그만큼 중독의 위험도 높다. 일하는 부모의 자녀 경우 혼자 있는 시간이 많다 보니 컴퓨터 중독의 유혹이 더 높다. 주의력이 부족한 아이들은 자기 조절 능력이 적어 컴퓨터와 같은 자극적이고 충동적인 활동을 멈추기 쉽지 않아 더욱 빠져든다. 또는 친구 관계가 원만하지 않거나 생활에 의욕이 없는 아이들 중에 컴퓨터 같은 수동적인 자극에 따라가는 것을 즐기며, 온라인상의 채팅이나 경쟁으로 현실 생활을 대신하려는 경우도 있다. 친구들에게 괴롭힘을 당한 것을 상대에게 직접 표현하지 못하면서 게임 속 공격성으로 해소하려는 모습도 보인다.

컴퓨터는 마약처럼 뇌에서 중독성을 느끼는 것이라 위험하다. 한번 중독이 되면 금단 현상도 많고, 그것을 대신해서 다른 것으로 흥미를 느끼게 하는 것도 쉽지 않다. 게임에서 사용되는 뇌를 흔히 '게임뇌'라 하는데, 공부하는 뇌와 달리 생각하고 반응하는 과정을 거치지 않고 감각에서 바로 반응하는 연결회로가 있다. 그래서 컴퓨터를 많이 한다고 해서 머리를 많이 쓰는 경우는 없다는 것이다. 오히려 생각하는 훈련 등을 방해하여 공부에 흥미를 떨어뜨린다. 컴퓨터만 하려고 하고 다른 것을 일체 거부하는 아이들은 이런 뇌 활동에 익숙해져버린 경우가 많다.

그래서 컴퓨터에 빠진 아이들은 현실적 감각을 잃고, 충동성이나 공격성을 게임을 통해 배우면서 행동화하려는 경향이 많다. 특히 또래나 다른 사람들과의 관계에서 고립된 유형의 아이일수록 위험성이 높다. 학교도 가기 싫어하고 학교 가서도 잠만 자려 하거나 하굣길이나 휴일에 PC방만 가려 한다. PC방에서 불량한 아이들과 어울리면서 싸움이 생기거나 같이 패거리를 만들 위험도 크다.

이상은 사춘기 아이들에게서 있을 수 있는 일탈 요인들이다. 이 중 성적 호기심이나 술, 담배, 컴퓨터 게임과 같은 요인들은 사실 아이들이 굉장히 좋아하기도 하고 강한 호기심을 일으키는 것이다. 하지만 이러한 요인들이 아이들을 일탈로 빠뜨릴 위험이 있다고 무조건 다 못하게 할 수도 없다. 한 중학생 아이는 부모와는 공부 이야기 외에 모두 비밀이라고 한다. 부모에게 이야기해봤자 얻는 게 없고 공부만 중요하게 여기니까 그 밖의 주제에 관해서는 대화조차 어렵다고 느낀다.

내 아이가 이런 요인에서 완전히 자유로울 수도 없다. 아이들은 호기심을 막으면 더 하고 싶어진다. 야동에 관심을 보이는 아이에게 좋은 영상과 그렇지 않은 것을 구별하게 하는 것도 필요하다. 그리고 실제와 다르다는 점을 이야기해주는 것이 못 보게 하면서 막으려는 것보다 낫다. 이런 경우 엄마보단 아빠가 이야기의 상대가 되어주는 것이 좋다.

담배를 피울까 봐 가방이나 방을 뒤지는 행동은 프라이버시 존중 면에서 아이들에게 반감만 더 주고 신뢰를 깨뜨릴 수 있다. 오히려 술이나 담배를 해보고 자기가 싫다며 안 하는 아이들도 많다.

컴퓨터 게임도 마찬가지다. 무조건 못 하게 하면 더 하고 싶고 몰래 하기도 한다. 컴퓨터와 관련된 갈등이 집집마다 많은데, 최근 스마트폰까지 생겨서 문제는 더욱 심각하다. 손에서 놓지 않는 스마트폰으로 인해 공부하기가 더 어렵다는 것이다. 스마트폰을 아이 손에 쥐어준 순간 컴퓨터가 손안에 들어온 것으로 여겨야 한다. 컴퓨터에 노출이 많고 조절이 쉽지 않은 아이라면 하루 종일 할 수밖에 없다.

그런 부분에 대한 충분한 고려 없이 아이에게 스마트폰을 주고 스스로 조절하기를 바랄 수는 없다. 스마트폰을 어떻게 관리할지 아이와 충분히 이야기하지 않으면 아이는 계속 손에 쥐고 있으려 할 것이다. 필요할 때와 아닐 때를 구분해서 불필요한 경우에는 따로 두는 훈련이 필요하다. 그러지 않고는 공부에 집중하는 데 가장 큰 방해자가 될 것이다.

여러 가지 일탈을 부추기는 환경이 모든 아이를 일탈하게 만드는 것은 아니다. 다만 이런 환경이 아이들에게 심적인 충격이 되고 큰 결핍감을 주었을 때 일탈하게 만드는 것이다. 역설적이지만 이러한 결핍이 삶의 원동력이 될 수도 있다. 결핍으로 느껴지는 부분이 오히려 그것을 얻고자 하는 강한 욕구가 될 수 있기 때문이다. 혹자는 강남에서 대통령감이 안 나오는 이유가 풍족한 환경 속에서는 그런 결핍을 느낄 수 없어서라고 말하기도 한다.

부족함을 느껴야 도전 정신이 나온다. 그 부족함은 꼭 경제적인 부분을 의미하지는 않는다. 심적, 사회적, 다른 환경적 요인 모두가 될 수 있다. 성공한 사람들의 삶이 감동을 주는 이유는 이런 결핍을 자기 것으로 잘 승화시켜 이룬 삶이기 때문이다. 사춘기 아이들이 느끼는 다양한 갈등이 오히려 삶의 강한 동기가 될 수 있다. 결핍을 동기 삼아 삶을 열정적으로 살 수 있다고, 그러면 어느새 그 누구보다 온전한 삶의 모습을 얻게 될 거라고, 그렇게 아이들을 격려해주고 싶다.

3장

"사춘기, 부모와 아이가 함께
성장하는 시간"

10대 아이와 제2의 관계 맺기

똑같이 싸우지 말고 아이 눈치 보기

멀어지는 아이가 서운한 부모

내 아이가 사춘기임을 알아차리는 때는 언제일까? 부모마다 차이는 있겠지만 제일 먼저 꼽을 수 있는 특징 중 하나가 바로 '부모 말을 듣기 싫어할 때'이다. 사춘기 아이들이 부모 말을 듣기 싫어하는 모습은 아주 노골적이다. 이것도 자기 기분에 따라 자주 바뀐다. 같은 말이라도 어떤 날은 아무 소리 없다가 또 다른 날은 따지며 자기가 알아서 한다고 소리를 빽빽 지르곤 한다.

내가 내 아이와 갈등을 빚기 시작한 것도 이런 모습 때문이다. 부모 말을 듣기 싫어한다는 것을 알지만 가끔씩 아무렇지 않게 내가 하는 싫은 소리를 잘 받아주기에 아이가 사춘기라는 사실을 망각하고 이래라저래라 했다가 아이로부터 쓴소리를 듣고는 상처를 받는다.

사실 이런 모습이 사춘기 때 갑자기 나타나는 것은 아니다. 자아가 성장하면서 이미 조금씩 그 싹을 보여줬다. 단지 부모가 인식을 못하고 있을 뿐. 부모가 하는 말에 가장 잘 따르던 때는 유아기로 마감이었던 것 같다. 아이가 초등학교 들어가면서 매 학년이 올라갈 때마다 부모인 내 말보다는 자기 뜻대로 하려는 모습이 점점 커져갔다. 부모가 이를 잘 느끼지 못하는 까닭은 초등학교까지는 그래도 부모가 엄하게 다스리면 아이가 부모를 넘어서려고는 하지 않기 때문이다. 아직까지는 부모의 말에 순종하고 따르려는 비중이 더 커서 아이와의 갈등을 느끼지 못하므로 자아가 성장하는 아이의 모습을 간과하기 쉽다.

그런데 5학년부터는 점차 달라지는 아이가 많다. 자기 뜻을 관철하려는 모습이 부쩍 눈에 띄고, 부모의 말에 말대꾸를 하며 엄마가 잘못 말한 부분을 논리적으로 꼬집어내기도 한다. 삐쭉거리며 아예 딴청하고 못 들은 척하면서 자기가 하고픈 대로 할 때도 있고, 기분 나쁜 표정을 지어 주변 사람들을 불편하게 만들기 일쑤다. 아이마다 차이가 있는데, 우리 애는 사춘기가 좀 더디게 시작되어 중학교에 들어가면서부터 점차 엄마 말을 우습게(?) 여기는 모습을 보이기 시작했다.

이런 모습은 시작에 불과하다. 부모 말이 듣기 싫어 뺀질거리는 행동에 화가 나 한 대 치려고 하면 부모 손을 잡고 힘으로 버틴다. 자기 일에 참견하지 말라는 소리를 밥 먹듯이 하고, "알았다고"를 계속 외치면서 행동은 전혀 바꾸려 하지 않아 부모가 쓰러지기 직전까지 가게 만든다. 이제 고등학생이 될 딸과 사이가 나빠져 부모 상담을 청한 한 엄마가 하소연을 한다.

"어릴 때는 엄마 말에 잘 따랐는데 중2 때부터 바뀌더라고요. 지금은 밖으로만 돌고 문제가 생기면 다 엄마 탓을 해요. 그동안은 사춘기라 그러는 거라고 참아왔는데, 딸아이의 비난을 더 이상 못 견디겠어요. 이렇게 두다간 아이 때문에 제가 미쳐버릴 지경이에요."

아이는 전형적인 자아 팽창의 모습이다. 모든 것을 자기 뜻대로 하면서 자기를 나쁘게 표현하는 것을 용서하지 못한다.

아이의 이런 모습을 책이나 상담을 통해 수없이 경험했지만, 막상 내 아이가 그런 행동을 보이면 부모로서 몹시 불쾌하고 감정을 조절하기 어렵다. 아이가 내 말을 귀찮아하고 귀담아듣지 않는 모습에서 나를 거부하는 느낌이 들어 몹시 서러워진다. 품 안에서 예쁘게 굴던 아이가 엄마 맘도 모르면서 저렇게 섭섭하게 구는가 싶어 기운도 빠지고 마음도 울적해진다. 아마도 가깝게 느끼고 교감했던 친밀감이 멀어지면서 느껴지는 서운함인가 보다. 어쩌면 품 안에서 내 마음대로 예뻐하고 나 혼자 기뻐했던 건 아닐까 싶다. 내가 느끼던 그런 기쁨은 사라지고 이젠 아이 눈치 보기에 급급하다.

새로운 관계에 대한 민감성 기르기 – 눈치 보기

부모가 무슨 아이 눈치를 볼까 싶지만, 실상 아이가 사춘기가 되면 부모가 그렇게 행동하게 된다. 왜냐하면 아이도 자신의 감정을 모르며 부모 또한 아이가 언제 바뀔지 모르는 예측 불허한 상황이 많기 때문이다. 이젠 어엿이 자기 구역을 긋고 있기 때문에 그 구역의 수용 여부에 대해 촉각을 세우지 않으면 아이랑 소통하기가 여간 어려운 게 아니다. 그래서 아이와 소통의 끈을 놓지 않기 위해 부모의 눈치작전이 본격적으로 시작되는 때가 이 시기가 아닌가 싶다.

'내 자녀 눈치 보기'를 기분 나쁘게 생각하지 않길 바란다. 사람은 사회적 관계에서 기본적으로 '사회적 눈치(social cue)'를 보며 살아간다. 이런 사회적 눈치가 없으면 사회성이 떨어질 수밖에 없다. 그런데 눈치 보기가 필요 없는 부모도 있다. 이미 아이의 상태를 늘 주시하고 반응했던 부모들은 남다르게 눈치작전을 펼칠 필요가 없다.

하지만 자녀의 눈치를 보려 하지 않는 부모도 의외로 많다. 이런 부모들은 자신의 말에 동의하지 않거나 따르지 않는 아이가 자신을 거부한다고 느끼면서 부모의 권위에 심한 위기감을 느낀다. 그래서 나는 통제력을 빼앗기지 않으려는 부모일수록 아이의 사춘기 단계에 대해 '그분이 오셨다'라는 표현을 사용하면서 설명해준다. 그리고 이때는 아이 눈치를 봐야 할 시기임을 노골적으로 알려준다. 그런 직설적 표현을 통해서라도 아이 입장에서 생각하고 아이에게 맞추도록 연습시키기 위해서다. 먼저 자의가 아닌 호르몬 영향으로 인한 사춘기 아이의 다양한 모습에 부모가 일일이 대응하는 것이 이성적으로 불가능함을 알게 한다. 그리고 그나마 관계를 잘 유지하기 위해서는 어쩔 수 없이 부모라도 감정 변화가 심한 아이의 눈치를 살피지 않을 수 없음을 이해시킨다.

아이 눈치를 본다는 말은 아이의 심적 상태를 먼저 파악한 뒤 접근 방법을 따지자는 것이다. 아이가 감정 상태가 좋으면 부모의 권유에 의외로 호응적일 수 있다. 하지만 아이가 자기도 모르게 불안정한 상태가 되면 요구가 아닌 강압으로만 느껴져 반항하기 십상이다. 이왕 아이를 도와주려고 하는 권유라면 아이가 받아들일 준비가 되었을 때 해보자. 예를 들면 자기가 못하거나 잘못되었다는 느낌에 화들짝하는 모습이 많아지는 사춘기 아이들에게는 지적과 같은 비난이 아니라 스스로 판단할 수 있도록 우회적인 접근을 해보자는 것이다.

아이 눈치를 보지 않으면 어떤 일들이 일어날까? 갈등이 일상적으로 반복되면서 서로 앙금만 깊어가고, 결국 부모-자녀 관계가 계속 삐거덕거리게 된다. 총성 없는 싸움이 반복되면서 피곤해져 서로가 피하고 싶어진다. 그러면 아이의 문제는 일파만파로 복잡하게 될 가능성이 높다. 관계는 누군가가 먼저 적극적으로 하느냐에 따라 질이 매우 달라질 수 있다. 그 시작을 부모가 하자는 것이다. 부모가 아이와 똑같은 수준에서 싸울 수는 없지 않은가? 부모가 먼저 성숙한 모습을 보이는 방법으로서 아이 눈치를 보며 대응하자는 것이다. 어떻게 아이 눈치를 볼 것인가에 대해 몇 가지 일상적 사례를 구체적으로 이야기해보겠다.

<h2 style="text-align:center">아침에 깨울 때</h2>

청소년기가 되면서 아이는 저녁잠이 적어지고 아침잠이 많아진다. 그래서 아침마다 아이를 깨우는 것이 전쟁 같다. 아이가 알아서 일어나면 좋으련만 부모가 깨워야 일어나는 경우가 대부분이다. 특히나 맞벌이 부모의 경우에는 출근 때문에 바빠서 아이에게 빨리 일어나라고 언성을 높이며 재촉하기 쉽다. 그러면 그럴수록 아이는 더욱 침대에서 뭉

그적거리고 일어나지 않으려 한다. 그러다 늦게 일어나서는 오히려 늦었다는 짜증을 부모에게 다 부린다.

아이의 짜증에 부모도 화를 내며 언성이 높아진다. 서로 감정 상하는 말들이 오가면서 수위가 높아지다가 결국 부모는 아이 뒤통수에 "그런 식이면 학교도 가지 마" 하며 해서는 안 되는 말까지 한다. 그렇게 학교를 보내놓고 나면 부모도 마음이 편치 않다. 별것 아닌 일로 매일 갈등을 반복하다가 감정의 골을 더욱 깊게 만들 수 있다.

그렇다면 이런 상황에서 아이의 눈치를 본다는 것은 어떤 것일까? 사실 가장 좋은 기상 습관은 스스로 일어나는 것이다. 부모가 깨워주는 것이 아니라 혼자 일어날 수 있는 방법을 찾도록 하는 게 좋다. 내가 아는 한 아이는 스스로 자명종을 맞춰두거나 엄마가 휴대전화로 전화를 해서 깨우면 일어난다고 한다. 하지만 대다수 아이는 부모가 직접 깨워줄 때까지 일어나지 않는다. 부모도 피곤할뿐더러 잠에 취해 짜증내는 아이를 대하는 것이 곤혹스럽다. 그렇지만 스스로 알아서 해야 한다고 마냥 모른 채 두는 것도 좋지는 않다.

서로가 기분 상하지 않을 방법을 찾아보자. 잠에서 깨는 아이가 남의 기분을 헤아리기 쉽지 않기 때문에 깨우는 부모가 아이를 살필 수밖에 없다. 다시 말해 부모가 아이 눈치를 봐야 한다. 유독 못 일어나는 날이라면 같은 소리를 여러 번 해서 소리치고 화내기보다는 아이가 지난밤 늦게 잔 것은 아닌지, 혹시 꿈에 시달린 건 아닌지, 어디가 아픈 것은 아닌지 등을 묻는다. 그래도 계속 시큰둥하거나 대답이 없으면 부드럽게 몸을 쓰다듬어준다. 잠이 깼는데도 일어나기를 싫어한다면 살짝 안

아주면서 가볍게 간지럼을 태운다. 청소년기 아이들의 경우 신체 접촉을 별로 좋아하지 않아서 이런 가벼운 정도로도 벌떡 일어난다.

일어날 때 아이의 기분이나 모습은 일정하지 않기 때문에 어떤 방법이 잘 통할지는 그날 그날 달라질 수 있다. 매일 아침 달라지는 아이 기분을 살피고 반응하는 것이 좋다. 설령 아이가 짜증을 내면서 화를 내도 그것은 부모에게 공격하는 것이 아니라 잠투정임을 알자.

원하는 것 결정하기

원하는 것, 즉 선호를 결정할 때도 아이의 눈치를 볼 필요가 있다. 사람의 선호는 주로 기본 생리적 욕구나 자율성의 욕구와 통한다. 사춘기 자녀와 자주 갈등을 일으키는 생리적 욕구에는 입는 것과 먹는 것이 있으며, 자율성의 욕구는 아이가 원하는 바를 하는 것이다.

사춘기가 좀 이른 아이들은 6학년 때부터 옷차림이 달라진다. 여자아이들은 짧은 바지를 입으려 하고, 남자아이들은 스키니진과 같이 자기 몸이 드러나는 옷을 입으려 한다. 어른들이 보기에는 예쁘다거나 멋진 게 아니라 눈살을 찌푸리게 되는 옷차림도 많다. '하의 실종' 같은 옷을 입고 다니는 여자아이들을 보고 있으면 민망하기까지 하다. 그런데 이런 옷차림에 대해 부모가 '된다, 안 된다' 결정할 수 없다는 것이다. 그렇게 통제하면 기분 나빠하면서 부모 앞에서는 부모가 좋아하는 옷을 입지만, 자기가 원하는 옷을 몰래 가방에 넣고 다니면서 바꿔 입고 다닌다.

멋을 모르던 내 아이도 6학년이 되면서부터 또래가 입는 옷과 비슷한 종류의 옷을 사 달라고 요구하기 시작하더니, 중학교에 들어오면서는 거의 첨단을 달린다. 정말 황당한 옷차림에 몇 마디 충고를 하면, "엄마가 우리 시대의 패션을 알기나 해" 하며 쏴붙인다.

어느 겨울날, 날씨가 정말 추운데 아이는 짧은 바지를 입고 나간다고 고집을 피웠다. 보수적인 아빠는 눈을 부라리며 벌써 한바탕할 기세였다. "아무리 멋도 좋지만 오늘 같은 날씨에 짧은 바지는 무리니까 다른 것을 입어라" 하면서 아이 눈치를 살피니, 아이는 입만 퉁퉁 나와 있지 좀처럼 말을 듣지 않았다. 어차피 저 입고 싶은 대로 입는 건데 자기가 입고 나서 어떤지 깨닫는 게 낫지 않겠냐 싶어 아이가 원하는 대로 입도록 그냥 두었다. 아니나 다를까 아이는 그날 밤 감기로 고생했다. 그러고는 자기가 짧은 바지를 입은 건 잘못했던 거 같다며 후회했는데, 그 다음부터는 짧은 바지로 인한 실랑이가 훨씬 줄었다. 그렇다고 아예 안 입는 것은 아니지만, 엄마가 "날씨가 쌀쌀하니까 짧은 바지 입지 않는 게 좋겠다" 하고 말할 때 예전처럼 볼멘소리로 받아치기보다는 생각해보는 모습을 보인다.

여자아이들의 경우에는 옷차림과 함께 화장도 큰 골칫거리다. 아침에 출근할 때 지하철 안에서 삼삼오오 무리 지어 앉은 중학교 아이들이 가방에서 각자의 파우치를 꺼내어 쓱쓱 화장하는 모습을 보곤 한다. 집에서 못 하게 하니까 몰래 갖고 나와서 하나 보다. 그러고는 집에 갈 때 싹 지우고 갈 것이다. 이런 모습을 아이가 솔직하게 이야기하지 않는다면 부모가 어떻게 알 수 있을까? 감쪽같이 속을 수밖에. 아이 눈치를 보지 않으면 이런 행동을 부추길 수 있다. 아이가 얼마나 원하는지에 대한 눈치 없이 부모 방식만 요구한다면, 아이는 이중적 모습을 보일 것이다.

화장 얘기를 하니 생각나는 친구가 있다. 세 자녀를 키운 그 친구도 사춘기 자녀와의 갈등은 피할 수 없었다. 큰아이가 사춘기가 오면서 공부는 뒷전이고 온통 꾸미는 것에 관심을 쏟더니, 어느 날부터 몰래 엄마 화장품에 손을 댔다. 아이가 화장을 하고 싶어 하는 것을 눈치 챈 내 친구는 직접 아이에게 물어봤단다.

"너, 화장하고 싶니? 엄마 화장품은 독하니까 네가 화장하고 싶다면 네게 맞는 화장품을 몇 개 사줄게. 단 학교 다닐 때는 하지 말고 집에서나 주말에만 하자. 약속할 수 있어?"

그렇게 해서 친구 딸은 중2 때부터 화장을 시작했다. 처음에는 화장도 촌스럽고 색깔만 짙더니, 어느 순간부터는 엄마보다 자연스럽게 하더란다. 그러던 친구 딸이 중3 겨울방학 때 "엄마, 화장이 피부에 안 좋은 것 같아. 나중에 커서나 해야겠어" 하면서 화장을 딱 끊었다. 고등학교부터는 더 이상 꾸미는 것에 신경을 쓰지 않고 오히려 공부에 전념하는 모습으로 바뀌었다. 딸아이의 눈치를 살펴 욕구 정도를 파악한 뒤 싸우지 않고 잘 대응한 친구가 참으로 현명했다는 생각이 든다. 그래서 같은 문제로 속 썩는 엄마들에게 좋은 사례로 친구의 이야기를 해주곤 한다.

아이들이 고집스럽게 자기가 하고픈 것을 요구할 때는 눈치껏 뒤로 물러나는 게 현명하다. 그러면 왜 부모가 못 하게 하는지 스스로 깨달는다. 아무리 감기 걸린다고 짧은 옷차림을 말려도 스스로 당해보고 느끼지 않는 한 아이는 수용하지 못한다. 화장도 자기가 해보니 피부에 안 좋다는 것을 알고 스스로 멈춘다. 눈치 보기는 이렇게 한 발짝 뒤로 물러나서 아이 스스로 깨닫기를 기다려주는 것을 말한다.

한편 생리적 욕구의 가장 근원인 먹는 것을 이야기할 때도 아이 눈치를 많이 살펴야 한다. 사춘기가 되면 호르몬의 변화로 내분비 신체 활동이 많아지면서 쉽게 허기진다. 그렇다 보니 간식량도 많이 늘고, 먹어도 먹어도 배가 고프다. 하지만 자신이 뚱뚱해지는 건 원치 않는다. 늘 다이어트 타령을 하기에 그만 먹으라고 하면, 아이는 왜 못 먹게 하냐느면서 자기 외모가 그렇게 뚱뚱하냐고 펄쩍 뛴다. 날씬한 몸을 원하지만 먹는 것을 절제하지 못하면서도, 남이 뭐라 하는 건 정말 듣기 싫은 게 이 시기 아이들이다. 따라서 이때도 눈치가 필요하다.

아이 앞에서 절대로 살 이야기를 해서는 안 된다. 아무리 사실이라고 해도 아이는 부모가 뚱뚱하다고 말하는 소리를 절대 듣고 싶지 않다. 자녀는 부모의 외적 평가에 민감하다. 여자아이들은 특히 더 심하다. 남자아이들의 경우에는 키 얘기를 조심해야 한다. 그리고 먹는 것을 조절시킬 때 절대 화내면서 못 먹게 해서는 안 된다. 아이가 치욕스러워할뿐더러 나중에 부모가 없는 자리에서 더 게걸스럽게 먹을지도 모른다.

아이의 기분을 살펴 좀 이야기가 될 것 같을 때는 안 먹으면 좋겠다고 부드럽게 알려줄 수 있지만, 아이의 기분이 저조한 상태라면 못 먹게 하기보다는 양을 줄이거나 대체 음식을 찾도록 한다.

휴대전화를 둘러싼 기싸움

아이가 원하는 바를 절대 받아들일 수 없다면 어떻게 해야 할까? 아이가 수용하려 애쓰는 상황이라면 좀 밀어붙여도 좋지만, 좀처럼 원하는 바를 꺾지 않을 기세라면 한 발 뒤로 물러서는 작전도 필요하다. 요즘 사춘기 아이들이 원하는 것 중 하나가 신상 휴대전화이다.

반년도 안 되어 신상품이 나오는데 그때마다 새것으로 바꾸길 원하는 아이가 있다. 비싼 물건임에도 좀처럼 포기하지 못하고 사줄 때까지 농성에 가깝게 시위하거나, 심지어는 일부러 휴대전화를 망가뜨리는 경우도 봤다. 남자아이들의 경우 이런 욕구가 강해 부모들 중에서는 시험 성적 등을 조건으로 걸기도 한다. 이들을 달래는 가장 좋은 방법은 스스로 돈을 모아서 사게 하는 것이다. 그리고 다달이 드는 통신비를 어떻게 조달할 것인지 아이와 의논한다.

절대 바꿔주지 못하겠다는 부모도 있겠지만, 그렇다고 아이에게 무조건 안 된다는 말부터 꺼내지는 말았으면 좋겠다. 여기서 먼저 부모에게 필요한 것은 아이의 마음 읽기다.

휴대전화 때문에 아이와 다툰 엄마가 있다. 그 엄마는 물건을 쉽게 사고 버리는 습성을 매우 경시하였고, 아끼면서 살아야 한다는 절약 정신이 투철하였다. 요즘 아이들이 물건의 소중함을 모르고 지내는 것이 안타까워 자기 아이들만큼은 제대로 가르치고 싶다는 철학을 가지고 있었다. 그래서 아이들에게 좀처럼 사주는 일이 없고, 한번 사주면 잘 바꿔주지도 않는단다. 그런데 아이가 휴대전화를 스마트폰으로 바꿔 달라고 몇 날 며칠을 졸랐다.

"지금 휴대전화도 멀쩡한데 왜 벌써 바꿔? 안 돼."

엄마 말에 화가 난 아이는 자기 방문을 쾅 닫고 들어가더니 주먹으로 방문을 마구 쳤다. 엄마는 평소 물건에 욕심을 부리지 않던 아이가 휴대전화 하나 때문에 갑자기 왜 저러나 의아했고, 저러다 아이가 어떻게 되는 게 아닌가 싶어 안절부절 못했다. 밤새 잠을 설치고 뒤척이던 엄마는 다음 날 아이의 눈치를 살피며 물었다.

"스마트폰이 왜 그렇게 갖고 싶니?"

"다른 친구들은 카톡에서 한 얘기를 학교에 와서 얘기하는데, 나는 카톡을 못 하니까 얘기에 낄 수가 없어. 그럴 때마다 나만 소외되는 느낌이야. 아이들은 스마트폰으로만 되는 게임을 하는데 그것도 같이 못 하고."

한마디로 아이는 친구들과 소통이 제대로 안 되고 소속감이 떨어지는 것도 싫고, 게임에서 우위가 되지 못하는 것도 싫었던 것이다. 엄마는 아이의 이야기를 듣고 보니 아이의 속상함이 느껴졌다.

"그랬구나. 네가 그런 마음 때문에 바꿔 달라고 하는지 몰라줘서 미안해. 그런 이유면 지금 쓰는 휴대전화가 낡아서 바꿀 때까지 기다리는 게 참 힘들겠구나. 아직 약정 기간이 남아 있지만 스마트폰으로 바꿀 수 있는 방법이 있는지, 아니면 다른 방법으로 카톡이나 게임을 할 수 있는지 알아보자."

그랬더니 좀 있다가 아이가 와서 말하더란다.

"엄마, 지금 해지하면 위약금이 많다네. 1년 뒤면 약정도 끝나고 그

때는 더 좋은 스마트폰이 나올 수도 있으니까 기다려볼게."

엄마는 뒤늦게라도 아이의 마음을 헤아려준 게 이렇게 좋은 결과를 낼 줄 몰랐다며 몹시 기뻐했다. 엄마의 현명한 행동을 많이 칭찬해드렸다. 눈치껏 아이의 마음을 읽어주면 아이는 스스로 자신을 조절할 줄 아는 모습도 보인다.

자녀의 눈치를 본다는 것이 어떤 의미인지 어느 정도 이해가 되었으리라 생각한다. 자녀의 눈치를 본다는 것은 자녀의 기분을 살피는 것, 한 발짝 뒤로 물러나 기다려줘야 할 때가 있음을 아는 것, 자녀에게 할 말과 하지 말아야 할 말이 있음을 아는 것, 자녀의 마음을 읽어주며 다독거려주는 것을 의미한다.

사춘기 아들의 대드는 모습에 몹시 힘들어 상담실을 찾은 한 엄마는 "이제까지 아이가 내 눈치를 보면서 살아왔으니까 이제는 내가 아이의 눈치를 볼 때가 되었군요" 하면서 자신의 깨달음을 정리했다. 뒤늦게라도 깨닫고 성숙한 부모의 길로 들어서는 그 엄마에게 큰 격려의 박수를 마음속 깊이 보낸다.

긍정적인 비교를 활용해 자존감 높이기

자꾸 비교하는 마음

며칠 전 강의 준비로 인터넷에서 자료를 찾다가 예전 직장 동료 A의 근황을 우연히 보게 되었다. 그 친구가 작년부터 P대학원 강사로 나가고 있다는 공지를 보았는데, 내 마음이 썩 유쾌하지만은 않았다.

아마 과거의 나였다면 당장 '동료에게 생긴 좋은 일인데 이러면 안 돼' 하고 내 마음을 나무라면서, '좋은 일이니까 기뻐해줘야 해'라고 스스로를 설득했을 것이다. 예전에는 이런 마음의 불편함을 죄로 단정 지었고, 그런 감정이 일어나는 것 자체를 옳지 못하는 것으로 치부하면서 회피 반응만 하려 했다. 하지만 상담을 공부하고 상담일에 종사하면서 끊임없이 내 마음의 느낌이나 스치는 감정을 들여다보는 연습을 하게 된 덕에 그런 감정을 다시 살피게 되었다.

감정에는 옳고 그른 것이 없고 느끼는 그대로를 인정해줄 때 가장 건강할 수 있음을 배우면서 내 감정을 무시하지 않는 법도 알게 되었다. 설령 그 감정이 옳지 못한 감정이라도 적어도 내게는 솔직해야 나답게 살아갈 수 있음을 깨닫고 연습 중이다. 이런 순간마다 상담일이나 상담 공부를 하면서 가장 도움을 받는 건 바로 나 자신이라는 생각이 든다.

내가 느끼는 불편함은 동료 A와 나를 비교하면서 생긴 마음이었다. 사실 난 그동안 나름 바쁘고 열심히 생활하는 데 대해 만족한 편이었다. 나는 나대로 열심히 잘살고 있고 크게 불만 없이 지내고 있었는데, 느닷없는 동료의 소식에서 상대적으로 내가 못하고 있다는 느낌이 든 것이다. 동료도 자신의 분야에서 잘 성장하고 있고 나도 나대로 성실하게 살고 있는데도 내가 그 동료와 비교되면서 순식간에 부족한 것만 보이기 시작한 것이다. 나 자신만 놓고 보면 열심히 산다고 스스로에게 칭찬해주면서도 막상 누군가와 비교를 하는 상황에서는 나의 가치를 인정하기가 쉽지 않다.

이런 느낌은 아이의 양육에서도 비슷하게 나타난다. 나 혼자 아이와 지낼 때는 크게 어려움도 느끼지 못하고 아이도 내 눈에 참 예쁘기만 한데, 엄마들 모임만 갖다 오면 아이의 부족한 면만 보이고 내 성에 안 차는 것 같아 괜히 아이를 닦달하게 된다. 다른 아이들이 이루었거나 성취하고 있는 것을 들으면 상대적으로 우리 아이가 처지는 것 같아 불안하다. 혹시 아이가 부족해서 그런 것은 아닐까 하는 생각에 아이가 미워지기까지 한다.

내가 나 자신을 다른 동료와 비교하면서 나의 부족함에 좌절했듯, 내 아이에 대해서도 똑같은 마음으로 남과 비교하고 내 아이의 부족함을 결국 나의 것으로 여기면서 좌절한다. 문제는 이런 좌절감이 들었을 때 나에게는 화내지 않으면서 아이에게는 참 쉽게 화를 드러낸다는 점이다. 그래서 다른 아이들과 자꾸 비교하면서 아이의 심기를 건드린다. 아이의 친구 중 가장 잘난 친구와 비교하면서 기분 상하게 만든다.

아이와 갈등을 빚은 날도 마찬가지였다. 학교 엄마들의 모임에서 또래 아이들은 선행학습을 꽤 하고 있다는 사실에 무척 놀랐다. 좀 걱정스러운 마음으로 집에 왔는데 내 아이가 천연덕스럽게 텔레비전을 보고 있는 모습을 대하고는 나도 모르게 버럭 화를 냈다. 여태껏 아이가 텔레비전을 보는 데 대해 하지 않던 불평을 쏟아냈다. 그러면서 최근 아이의 친한 친구가 바이올린 교재를 한 단계 올린다는 이야기를 들은 것까지 들먹이며 아이와 그 친구를 괜히 비교했다.

"걔는 너보다 늦게 시작했는데도 너를 앞섰더라. 네가 연습을 제대로 안 한 거니, 아니면 네가 능력이 부족한 거니?"

아이에게 아픈 소리만 쏙쏙 골라 해댔다. 듣고 있던 아이가 갑자기 폭발하듯 화를 냈다.

"엄마가 나랑 다른 잘난 친구들을 비교하는 것은 그 아이들이 천재급이라 생각하니까 참을 수 있어. 하지만 친한 친구랑 비교하는 건 나를 무시하는 거 아니야? 왜 나랑 제일 친한 친구를 비교해서 내가 못났다고 해?"

다른 아이도 아닌 자기의 절친과 실력을 비교해서 못하다는 평가를 받았다는 데 자존심이 상한 아이는 대성통곡했다. 아이의 격한 반응에 나도 정신이 번쩍했다. 아이에게 부족하다는 것을 알라는 식으로 친구를 들먹거리면서 괴롭힌 것은 아이의 가치를 추락시켜버린 나의 잔인한 행동이었다.

친구와의 비교는 싫어!

아이가 유독 이런 비교에 민감해진 것도 사춘기에 접어들면서이다. 사춘기에 들어서는 아이들은 자신이 다른 사람과 비교당하는 것을 죽기보다 싫어한다. 실제로 청소년 대상 조사에서 부모에게 듣기 싫은 말 중 하나가 다른 친구랑 비교하는 것이란다. 이런 비교를 반영하는 유행어가 '엄친아', '엄친딸'이다. 외모, 성격, 능력, 가정환경 등의 비교 영역에서 탁월하게 월등한 대상을 일컫는 말이다. 이는 그만큼 우리 사회가 다른 사람과의 비교에서 우수한 사람으로 인정받고자 하는 열망이 얼마나 큰가를 보여준다.

비교 의식이 꼭 나쁘게만 작용하진 않는다. 긍정적으로는 분발하면서 자신을 더욱 성장시켜가는 외적 동인이 될 수도 있다. 사춘기 자녀들의 경우 또래의 영향이 매우 큰데, 또래가 자신보다 유능할 경우 그 모습이나 직접적 간접적 도움을 통해 발전할 수도 있다. 비고스키가 말한 근접 발달 이론에서 보면, 똑같은 지능을 가진 아이의 경우 가까이에서 유능한 또래의 도움을 받는 아이가 그냥 혼자 지낸 아이에 비해 더 많은 지적 성장을 보인다. 그만큼 좋은 또래와의 교류는 비록 비교가 되어도 성장에 적절한 도움을 주기도 한다.

무엇이든 적당할 때는 긍정적으로 작용할 수 있지만 심해지면 해가되는 법이다. 비교도 마찬가지다. 비교하는 내용 때문이 아니라 비교한다는 그 사실만으로 기분이 좋지는 않다. '나는 누구인가'를 고민하면서 자기다움을 찾아가는 사춘기 아이들에게 있어 누군가와의 비교는 정말 씻을 수 없는 상처가 될 수도 있다.

내게도 그런 아픔이 있다. 중학교 시절, 유독 회장을 예뻐하던 선생님이 대놓고 그 친구와 부회장이던 나를 비교하셨다. 그때 선생님이 하셨던 말의 내용이 구체적으로 떠오르진 않지만, 내가 비교를 당한다는 생각에 상당히 불쾌해하면서 친한 친구에게 그 선생님 험담을 했던 기억이 난다. 지금도 길 가다가 그 선생님과 닮은 사람을 보면 괜히 기분이 좋지 않다.

내가 그 선생님과 안 맞았기 때문인지, 선생님께 뭘 잘못했기 때문인지 이유는 알 수 없다. 그냥 그 친구의 행동과 내 행동을 비교할 때 내가 굉장히 미움을 받고 있다는 느낌만 들었다. 그때부터 나에 대해 한없이 자신이 없어지고 화가 나기 시작했다. 왜 비교를 당했는지도 모른 채 미움만 받는다는 느낌으로 나는 나에게 화를 내었다. 그런 감정에서 벗어나기까지 얼마나 많은 시간이 걸렸는지 모른다. 다른 사람에게 비교를 당하는 것이 주는 상처는 그만큼 큰 것이다.

일반적으로 자신이 스스로에 긍정적이던 시각도 다른 사람과 비교되면 부정적으로 바뀌곤 한다. 남보다 잘난 점을 인정받고 싶은데 실상이 그렇지 못한 상황에서는 비교되는 상대에게 시기와 질투라는 감정을 느끼기 마련이다. 그렇다고 이런 불편한 감정을 피하고자 다른 사람과 교류하지 않은 채 혼자 지낸다는 것도 불가능하다. 혼자서 살 수 있는 사람은 아무도 없기 때문이다. 사람이기에 다른 사람과의 접촉은 필연이고, 그 관계 속에서 여러 부분이 비교되는 것도 사실이다. 비교하고 비교당하는 것은 어쩌면 삶의 필연적 모습일 것이다.

앞서 말한 것처럼 비교가 모두 나쁜 것은 아니다. 건강한 비교는 선의의 경쟁과 긍정적 발전을 이끈다. 다만 지나친 비교와 그 강도가 심할 경우, 특히 사춘기 아이들에게 비교의식은 다른 병리적 양상을 만들 수 있다. 바로 지나친 경쟁의식과 열등감이다.

지나치게 경쟁적인 아이

자아를 찾아가는 첫 단추와 같은 초기 사춘기에서는 남과 끊임없이 비교해가면서 자신의 모습을 찾으려 한다. 남보다 우월한 영역을 찾고자 하기도 하고, 남과 비교해서 뒤떨어지지 않는 수준을 유지하고 싶어 하기도 한다. 비교 영역은 외모, 성적, 성격, 가정환경, 능력, 대인관계 활동 등 다양하다.

초등학교까지는 그래도 이렇게 비교하면서 자신의 강점을 드러내며 인정받을 수 있는 기회가 많다. 그런데 중학교 이후부터는 아이의 다양한 능력이 인정되기보다는 오로지 '성적' 중심으로 평가하는 게 우리나라 현 교육의 모습이다. 그래서 친구들과 비교되는 면이 학업과 성적이다 보니 친구를 경쟁자로 인식하게 되면서 치열한 경쟁의식에 사로잡힐 위험이 크다.

2011년 학기말에 발생한 한 외고 시험지 절도 사건은 지나친 경쟁주의가 낳은 병리적 모습을 보여준다. 학교에서 상당히 모범적이며 상위권 성적을 유지하던 학생이 성적이 떨어질 것을 두려워하다가 이런 범행을 저지른 것으로 밝혀졌다. 이는 학업 스트레스를 느끼는 아이가 비교당하는 상황에서 살아남기 위해 온갖 비도덕적 행동을 감행하는 모습을 보여주는 예이다.

예전에는 이런 모습들을 고등학교에서나 볼 수 있었는데, 이제는 중학교에서도 종종 보인다. 초기 사춘기 아이들부터 경쟁이 치열해지는 이유는 대입 준비의 연령이 점차 낮아지고 있기 때문이다. 즉 과거에는 10~20퍼센트가 대학을 가고자 한 데 비해 요즘은 80퍼센트가 대학을 가고자 하는 상황이므로 중학교 때부터 대학을 염두에 두고 고입을 준비한다. 특목고나 자율고 등의 학교 진학이 대입을 결정하는 구조가 되면서 중학교 1학년부터 내신을 관리해야 하는 시스템으로 바뀌었기 때문이다.

중학교 실력부터 친구들과 비교되기 때문에 공부와 관련된 어떠한 자료도 빌려주지 않으려 하고, 엄마들은 아이의 공부에 대한 정보를 주변 엄마들과 쉽게 나누려 하지 않는다. 같은 시대를 살아가는 동반자이기보다는 경쟁자로서의 인식이 심한 게 현실이다. 그리하여 남을 이기기 위해 수단과 방법을 가리지 않는 성적 결과 중시(성과 중심) 사회에서 피폐된 인간이 양산되고 있다. 그 안에서 우리 아이들이 희생되고 있는 건 아닌지 걱정스러울 뿐이다.

사실 사춘기 때는 불안전한 감정과 빠른 신체 변화에서 오는 혼란을 편안하게 표현하면서 좀 자유로운 상황이 허락되어야 한다. 하지만 지금의 성적 중심 교육제도에서는 그런 혼란을 표출할 수 있는 기회를 주지 않기 때문에 아이들의 문제 행동이 더 심화되는 듯하다. 중학교 선생님들은 아이들의 문제 양상이 해마다 더욱 심해지는 모습이고 저연령화하는 것 같다고 우려한다. 이는 지나친 경쟁적 관계에서 생긴 스트레스 때문이 아닌가 싶다.

지나치게 경쟁적인 사춘기 아이는 부모의 애정을 충분히 받지 못했거나 형제들 사이에 경쟁 관계가 강하기 때문일 수 있다. 부모에게서 얻지 못한 사랑이 왜곡되어 무언가를 성취함으로써 인정받고 싶은 마음으로 바뀐다면, 다른 사람보다 더 나은 결과를 얻거나 비교에서 우위를 차지하려는 데 목숨을 걸 듯 달려들 수 있다.

형제 관계에서 비교가 심하고 인정받지 못하는 사춘기 아이들은 선후배와의 관계에서보다 또래와의 관계에서 힘든 모습을 보인다. 형제에게서 느꼈던 비교가 또래에게로 쉽게 전이되면서 또래를 편한 상대보다는 경쟁자로 느낀다. 또래에 대한 경쟁심이 강해서 편하게 자신을 드러내고 관계를 맺기가 힘들다. 사춘기 아이들이 경쟁 친구를 만들어 그 친구보다 앞서려는 데 열심인 경우도 이에 해당한다.

중학교 3학년 수영이가 그랬다. 수영이는 같은 아파트 앞 동에 사는 우등생 진희와 자신을 늘 비교했다. 진희보다 얼마나 더 많이 공부했는지, 그 친구가 몇 시에 자는지 등을 살피고 불 꺼진 진희의 방을 보고 난 뒤에야 잠을 잤다고 한다. 수행평가에서 점수 차가 나면 늘 선생님께 따지고, 그 친구와 점수를 비교한다. 이런 모습에 부모는 공부 욕심이 있고 경쟁심이 있다고 대견해하셨지만, 상담자로서 난 수영이가 참 안타까웠다. 진희를 비롯한 주변 친구들이 얼마나 수영이를 피곤하게 여겼을까. 수영이는 성적을 얻었을지는 모르지만 사람을 잃고 살고 있기 때문이다.

잠재력을 잃게 하는 열등감

남과의 비교에서 자신이 부족하다고 느끼면 열등감을 쉽게 받는다. 완벽한 사람이란 존재하지 않는 법이기에 누구든 다른 사람과 비교했을 때 열등감을 느끼는 부분이 하나라도 있기 마련이다. 맥스웰 몰츠(Maxwell Maltz)는 현대인의 95퍼센트가 열등감의 희생물이 되어 고통받고 있다고 지적하였다. 그만큼 세상 사람들은 열등감에서 자유롭지 못하다.

사람의 일생에서 가장 자존감이 높은 시기가 언제일까? 바로 유아기이다. 자기중심적 사고와 함께 부모로부터 받는 지지와 평가가 절대적이기 때문이다. 부모와 좋은 관계를 유지하는 유아의 경우 자기가 가장 잘났다고 생각하는 경향이 많다.

아이들이 열등감을 알기 시작하는 것은 발달상 학령기부터다. 자존감 충만한 아이도 학교생활을 하면서 부모의 시각뿐 아니라 또래나 선생님의 시각도 의식하게 되고, 여러 친구와 자신의 모습을 비교하는 눈이 생긴다. 에릭슨(Erikson)은 인생의 발달 과업 중 초등학교 시기에는 학업이나 또래 관계에서 좋은 성취를 경험함으로써 근면성을 획득하는 게 중요하다고 하였다. 만약 이를 이루지 못하면 열등감이 형성된다는 것이다. 그러니까 어른들이 말하는 열등감의 시작은 사실 초등학교 이후부터다.

특히 사춘기가 되면 또래라는 준거 집단이 가장 중요해지면서 또래와 비교하는 모습이 급격히 증가한다. 친구가 뭘 입든 어딜 가든 크게 신경 쓰지 않던 우리 아이도 6학년부터는 부쩍 친구들을 의식했다. 친구들은 어디 간다, 어떤 가방을 든다 등 친구들 사이의 유행을 따르고 싶어 했다.

가장 인상 깊었던 사건은 중학교 교복 구매 건이었다. 아이와 나는 교복을 준비하면서 가격이 좀 더 저렴한 학교 공동구매 상품을 사기로 하고 입금도 다 했다. 아이도 좋은 브랜드를 입고 싶은 마음이 있었지만 가격이 너무 비싸다며 공동구매로 사는 게 좋겠다고 찬성했다. 그런데 다음 날 학교에 가서 쉬는 시간에 숨넘어가는 목소리로 전화를 했다.

"엄마, 친구들이 ○○○브랜드, ***브랜드에서 교복을 샀대. 나도 그런 브랜드로 바꿀래. 매장에 전화해보니까 이제 몇 벌 안 남았대. 다 팔리기 전에 빨리 가야 해."

호들갑스럽게 전화를 한 아이는 마음이 급했는지 그 사이 매장에 전화까지 해본 모양이다. 이전에 옷 문제로 이런 일은 없던 터라 아이의 행동에 당황스러웠다.

똑같이 공동구매로 산 친한 친구는 별로 신경 쓰지 않던데 왜 우리 아이는 이럴까 싶고, 친구들과 옷 브랜드를 비교하고 판단하려는 모습에 자신만의 주관이 없는 것 같아 씁쓸해지기도 했다. 그리고 특정 브랜드를 입어야 외모로도 그럴듯하게 보인다고 생각하는 걸 봐서 외모에 민감해지는 것 같아 걱정스럽기도 했다.

그러나 사춘기 아이들이 그렇게 친구들과 비교해서 어느 정도 감각을 비슷하게 유지하고자 하는 마음을 무조건 무개성이나 무개념으로 몰아붙여도 안 된다. 친구들과 비교해서 따라가고 싶은 것도 우리 아이의 성향일 것이고, 비교해서 자기만의 색깔을 갖겠다고 선택하는 것도 또 다른 성향일 테니까 말이다.

열등감의 영역은 외모, 성적, 성격, 가정환경, 능력, 대인관계 등 아이들마다 다를 것이다. 사춘기 아이들이 느끼는 열등감의 원인도 자신의 잘못된 행동, 칭찬이나 지지받지 못한 어린 시절의 경험, 어른들의 부정적인 말(예를 들어 '부끄러운 줄 알아라', '너 참 못됐구나', '너는 아직 멀었어' 등의 표현)이 마음에 상처가 된 경우, 키와 몸무게 등 신체적 조건이 보통보다 못한 경우, 가난하거나 가정환경이 나쁜 경우, 자기 능력이 부족한 경우 등 다양하다.

열등감이라는 단어를 만들어낸 알프레드 아들러(Alfred Adler)는 자신의 삶을 '하나의 열등감을 극복해나가는 과정'으로 보았다. 그는 열등감을 긍정적이고 적극적인 면에서 이해하려고 했다. 사람이 인생을 살면서 느끼는 많은 동기나 욕구 등 밑바닥에 깔려 있는 것은 궁극적으로 자신의 열등감을 극복하고 보상하기 위한 것이라고 주장하였다. 열등감에는 양면성이 있는데 열등감으로 피폐해지는 부정적 모습도 있지만, 오히려 열등감을 통해 자신의 다른 능력을 개발하는 긍정적 면도 있다고 하였다.

열등감 자체가 없을 수 없지만, 열등감이 지나쳐서 아이가 스스로를
무가치하게 여김으로써 자신의 잠재력을 묻어둔 채 살아가는 일이 없
도록 해야 할 것이다.

비교를 극복하는 길

사춘기 아이들이 비교의식에서 느끼는 지나친 경쟁심이나 열등감을
없애기보다는 그런 비교를 건강하게 극복하도록 이끌어주어야 한다.
먼저 자신이 남과 비교되면서 느끼는 약점이 무엇인지를 바르게 알도
록 돕는다. 자신을 알아야 약점에 대처할 방법을 찾을 수 있다. 아이가
어떤 영역에서, 왜 그렇게 약점이라 느끼는지를 보면서 자신을 객관적
으로 이해해야 한다.

비교당할 때 아이들은 수치심을 많이 느낀다. 수치심은 자신이 부끄
럽다는 생각이다. 자기 이상에 미치지 못하는 존재감을 다른 사람들의
조롱과 무시를 통해 경험하면서 생기는 감정이다. 비교의식, 열등감을
통해 느껴지는 수치심을 최소화하려면 먼저 자신의 약점을 수용해야
한다. 자신의 부족한 면을 있는 그대로 인정하는 것이다. 스스로 바보
같다고 느끼며 좌절스러운 부분에 대한 순전한 수용이 있어야 신경증
적 반응이 없어진다.

그런 다음 그것을 숨기려 하기보다는 유머러스하게 드러내려는 과정
이 필요하다. 그렇다고 너무 솔직하게 있는 그대로 다 떠벌리고 다니라
는 말이 아니다. 약점을 강점화하는 것 중 하나가 유머다. 예를 들어 작

은 키로 외모 열등감이 많은 아이가 스스로 '작은 고추'라는 별명을 지어 부르며 얼마나 매운지 보여줄 거라는 식으로 자신의 다른 장점을 부각시키는 것도 방법이다.

그런 다음 자신의 장점을 2배 이상 강화시킨다. 자신의 장점으로 약점의 초라함을 극복하는 것이다. 자신의 장점을 좀 더 적극적으로 알리는 자세가 필요하다. 그리고 나보다 위에 있는 사람과 비교하지만 말고 나보다 낮은 자리에 있는 사람들과 비교함으로써 작은 것에 감사하는 마음을 갖는 훈련을 하는 것도 도움이 된다. 비교의식을 극복할 수 있는 또 다른 방법은 남과 비교하는 것에서 벗어나 자신의 성장 모습을 비교하는 시각으로 바꾸는 것이다.

긍정적인 비교로 성장한 윤후

상담실에서 만난 중학교 2학년 윤후는 우울 양상이 매우 심하고 자신에 대해 늘 부정적이며, 집 밖에 나가지 않으려고 했다. 특히 중학생이 되면서 자신의 키에 대한 열등감이 매우 컸다.

상담을 통해 윤후는 키에 대한 열등감을 조금씩 긍정적으로 활용하기 시작했다. 키를 키우기 위해 성장에 도움이 되는 음식을 찾아서 먹고 운동도 하면서 매우 적극적으로 생활했다. 그러던 중 성장 검사에서 윤후의 성장판이 많이 닫혀 있어서 더 클 가망성이 없다는 진단이 나왔다. 윤후 엄마는 검사 결과에 낙심하면서 윤후가 너무 충격을 받을까 봐 두려웠다.

하지만 의외로 윤후는 담담하게 결과를 받아들였다. 윤후는 자신을 다른 친구와 비교해서 약점인 키에만 초점을 두는 게 아니라 남보다 잘할 수 있는 장점을 찾기 시작했다. 평소 패션에 관심이 많았던 윤후는 작은 키를 보완하기 위한 방법들을 찾기 시작했다. 머리 모양, 옷 등에 관심을 갖게 되었으며, 엄마도 가능한 한 윤후가 원하는 것을 수용해주면서 우울 양상이 줄어들었다.

이후 윤후는 디자이너의 꿈을 갖게 되었다. 자발적으로 디자인 공부를 열심히 하고, 패션 감각이 나날이 발전하여 주변에서도 인정해주는 단계까지 이르렀다. 자발적인 윤후의 노력에 엄마의 관심까지 더해지니 윤후는 적극적인 모습으로 바뀌었다. 윤후는 현재 남과의 비교에서 벗어나 자신의 장점을 찾고 자신만의 색깔로 만들어가고 있다.

친구의 잘나가는 모습에 대한 시기와 질투를 멈추게 한 건 '나의 성장'이라는 긴 스펙트럼을 통해 현재와 과거의 내 모습을 비교하며 얼마나 열심히 잘 살아왔는지 확인했을 때이다. 내 아이를 다른 친구들과 비교하면서 뒤처지는 느낌에 불안하여 재촉하려는 마음을 멈추게 한 것도 오늘의 내 아이 모습이 어제보다 얼마나 성장하였는가를 비교하며 그것에 감사하고 기뻐해주면서였다. 김병근은 다음과 같이 말했다.

"사람은 결코 다른 사람과 비교될 수 없는 존재다. 그러나 사람들은 다른 사람과의 비교로 자신의 가치를 평가 절하시킨다. 사람은 있는 그대로의 자기로서 존중받을 수 있어야 한다. 옷에는 기성복이 있지만 인생에는 기성복 인생이 있을 수 없다."

나도 내 몸에 맞지 않는 기성복을 찾아 입으려 하는 것은 아닐까? 또한 나의 아이에게도 기성복을 입히려는 것은 아니었는지 반성한다. 비록 사회는 끊임없는 비교로 기성복 인생을 요구하지만, 나와 아이는 우리가 갖고 태어난 고유한 능력이나 잠재 능력을 인정해주는 '맞춤 양복 인생'이 되고자 노력할 것이다. 그런 맞춤 양복 인생의 마음으로 오늘도 나의 내담자를 만나려 한다.

아이들이 진짜 듣고 싶은 말

중학교 아이들과의 활동을 통해서 요즘 아이들이 느끼는 고충과 이해받고 싶은 것들이 무엇인지를 조금은 깨닫게 된다. 아이들과 함께했던 '듣기 싫은 말과 듣고 싶은 말'이라는 활동이 특히 그랬다. 이 주제에 대한 아이들의 의견을 들어보면 현재를 살고 있는 아이들이 어떤 생각을 하는지, 어떤 마음이 있는지 부모들도 이해할 수 있을 것이다.

아이들이 부모, 선생님, 친구들로부터 듣기 싫은 말과 듣고 싶은 말을 발표하는 시간을 가졌다. 듣기 싫은 말들에 대한 표현은 그야말로 '발광' 그 자체였다. 좀처럼 자기표현이 없는 아이들도 이 주제에 대해서는 입을 열었다. 아이들의 이야기가 거침없이 쏟아졌다. 특히 가정에서 부모님에게 자주 비난을 받은 아이들은 입에 담기 힘든 욕까지도 발표했다. 부모가 자기한테 했던 욕이란다. 진짜로 그런 말을 한다면 듣는 그 아이들의 마음이 얼마나 상처받았을까 싶다. 아이들이 이렇게 불만이 많았구나…….

들기 싫은 말들을 아이들 표현 그대로 옮겨보고자 한다. 지나치게 원색적인 욕설은 뺐다. 아이들이 말한 그 듣기 싫은 말들을 보면 그들이 무얼 원하는지를 조금은 알 수 있다.

청소년들이 듣기 싫어하는 말

부모님 - 명령조로 말하는 것

    - 비교하는 말

    - 그만 쳐먹어

    - 네가 그렇지

    - 왜 그 따구냐

    - 다 때려치워

    - 네가 그러고도 인간이냐

    - 괜히 낳았다

    - 공부해라

    - 너 제정신이냐

    - 휴대전화 압수다

    - 성적표 갖고 와

    - 야, 임마!!

- 들어가

- 숙제 다 했니?

- 책 좀 읽어라

- 일어나라

- 나중에 뭐가 되려고 그러니

친구들 - 왜 사냐

- 겉멋만 들어서

- 주둥이 싸물어

- 찐따

- 네가 내 친구니

- 재수 없어

- 똥 먹어

- 작작해

- 뭘 쪼개

- 꺼져

- 중얼거리는 것

- 네가 그렇지 뭐

- 장난해?

- 너 왜 살아

- 몰라도 돼

- 너희 부모가 그렇게 가르쳤니

- 싫어하는 별명 부르는 것

- 참견하지 마

- 됐거든

- 나대지 마

- 장애인이냐

선생님 - 뒤로 나가

- 남아

- 개념이 없다

- 됐거든

- 제정신이니

- 거지 같은 놈아

- 맞아야겠다

- 조용히 해

- 입 다물어

- 옐로우 카드

- 신경 좀 써

- 덮어

- 부모님께 전화한다

- (책상에) 엎드리지 마

- 남아서 청소해

- 알겠느냐?

- 인생 접어!

　아이들이 듣기 싫어하는 말을 보니 어떠한가? 부모도 듣고 싶지 않은 말 아닌가? 이 활동을 하면서 생각보다 많은 아이가 언어폭력에 시달리고 있다는 생각이 들었다. 부모의 비하하는 말도 원색적인 표현이 많았고, 선생님들도 하지 말아야 할 표현을 쓰고 있어 놀랐다.

　부모님이나 선생님이 자신에게 욕설하는 것을 싫어하며, 하고 싶은 것을 막거나 벌을 주는 말들을 꺼린다. 친구들한테는 주로 무시당하거나 거절하는 표현들에 거부감이 많았다. 이러한 모든 표현에서 가장 듣기 싫어하는 말로는 '부모 욕'이라고 말하는 친구가 많았다. 자신의 잘못을 부모와 연결시켜 이야기하는 것에 상당히 모멸감을 느끼며, 그만큼 부모에 대한 자부심도 크다는 것을 의미한다. 욕설이나 비교하는 말도 꺼린다는 아이가 많아 열등감을 느끼게 하는 표현들에 매우 민감함을 읽을 수 있었다.

　그렇다면 청소년 아이들이 듣고 싶어 하는 말에는 무엇이 있을까? 듣기 싫은 말에서는 모두들 자기가 당한 고통을 적극적으로 표현한 데 비해, 듣고 싶어 하는 말에서는 반응이 달랐다. 별로 듣고 싶은 말이 없다며 시큰둥한 모습을 보이는 아이가 많았는데, 칭찬은 어색하고 비난에는 민감한 우리 아이들의 모습을 보는 것 같아 씁쓸했다. 아이들이 듣고 싶어 하는 말들을 정리해보면 다음과 같다.

부모님 - 잘했다

    - 나가서 놀아라

    - 용돈 올려줄게

    - 게임해라

    - 학원 가지 마

    - 니 맘대로 살아라

    - 놀러 가자

    - 외식하자

    - 놀다 와

    - 엄마 나갔다 올게

    - 출장간다

    - 여행가자

    - 마트 가자

    - 친구랑 놀다 와라

    - 자도 돼

    - 자장면 시켜줄게

친구들 - 잘생겼다(간지난다)

    - PC방 가자

    - 노래 잘한다

- 운동 잘한다

- 착하다

- 이성 친구에게 인기 많겠다

- 통 크다

- 영화 볼래?

- 우리 집에서 컴퓨터하자

- 오늘 같이 놀래?

- 네가 최고다

- 끝나고 놀자

- 내가 쏠게

- 우리 집에 놀러 와

- 잘했어

- 하이파이브

선생님 - 부모님 칭찬

- 공부 잘한다

- 귀엽다

- ○○○ 사줄게

- 자유 시간이다

- 수업 빨리 끝내고 영화 보여줄게

- 아프면 조퇴해도 된다

- 체육하자

- 야외수업을 하자

　이상의 아이들 표현을 보면 부모나 선생님, 친구들로부터 공통적으로 잘한다고 칭찬해주는 말을 듣고 싶어 했다. 요즘 청소년들은 자기가 잘하고 있음을 인정받고 싶어 하는 욕구가 참 크다는 것을 다시금 보여주는 결과다.

　듣고 싶은 말을 살펴보면 아이들의 '노는 것'에 대한 욕구가 얼마나 큰지를 알 수 있다. 부모님으로부터 공부 대신 쉴 수 있는 시간을 허락받거나, 스트레스 해소로 여행이나 맛난 음식을 먹는 기회를 얻고 싶어 하는 것은 본능적인 쉼의 욕구를 충족받고 싶은 마음이 얼마나 절실한지 보여준다. 친구들과도 함께 놀 수 있는 기회가 가능한 한 많기를 바라며, 다가와주는 친구가 참 좋고 자기를 칭찬하며 격려하는 말들을 기대하는 모습이 컸다.

　선생님으로부터 듣고 싶은 말도 가장 많이 나온 것이 공부 시간보다 자유 시간이나 쉴 수 있는 시간을 많이 주는 말이었다. 선생님께도 간식을 얻어먹고 싶어 하는 모습에서 먹는 것에 부족함이 없는 아이들인데도 이렇게 먹는 것을 밝히는 것은 공부 스트레스가 많고 보살핌을 받고자 하는 기본적 욕구가 크다는 것을 보여준다. 한편으로는 그만큼 먹는 것이 왕성한 시기로 신체 발육도 엄청나게 일어나고 있음을 보여준다.

　아이들과의 활동 결과를 보고 새삼 궁금해졌다. 그럼 내 아이는 어떠할까? 그래서 나도 직접 우리 아이에게 물어봤다. 그랬더니 다음과 같이 말했다.

부모님 – 어른들 말에 끼어들지 마

– 니가 뭘 잘했다고 그래

– 하루 종일 놀기만 하고선

친구들 – 내숭떠는 말들

– 개 같다, 아줌마 같다, 아저씨 같다

– 비꼬아서 말하는 것

선생님 – 편애하는 말

– 선생님 말씀이 긴 것

– 너 좀 가만히 있어

내 아이가 듣고 싶어 하는 말

부모님 – 넌 할 수 있어

– 괜찮아

– 다음에 열심히 하면 돼

– 힘내라

– 포기하지 마

친구들 - 파이팅! 넌 할 수 있어

    - 너 공부 잘해

    - 너 말랐어

    - 우리 같이 놀자

선생님 - 착해

    - 성실하구나

    - 넌 잘할 수 있으니까 걱정 마

    - 넌 최고야

    - 너는 앞으로 성공할 거야

아이의 이야기를 들으며 부모로서 반성도 하게 되고, 아이가 친구들이나 선생님들한테 인정받고 싶어 하는 모습이 많다는 점도 새롭게 보았다. 사춘기가 되면서 아이가 점차적으로 더 외모, 학업, 학교생활 전반에서 잘한다는 칭찬에 민감해 있는 모습을 보면서 이런 것들이 잘 충족되지 못하면 얼마나 스트레스를 받을지 우려도 생긴다.

그런 스트레스를 잘 극복하도록 잘해야 한다는 '결과'에 연연하지 않게 도와야겠다. '과정'을 잘 즐기도록 격려해주면서 아이가 부모인 나에게 듣고 싶어 하는 말들을 자주 해주어야겠다고 깨닫는다. 과정의 즐거움을 알게 하는 것은 결국 부모인 나의 평가가 어디에 초점을 두는지에 따라 달라질 테니 말이다.

각각의 아이마다 '듣고 싶은 말과 듣기 싫은 말'은 또 다를 수 있다. 한

번 자녀들에게 직접 물어보고 어떤 대답을 하는지 들어보자. 아이마다 이야기가 다를 것이다. 그리고 그들의 표현을 가만히 들어주자. 말 그대로 '경청하기(잘 들어주기)'를 해보자. 대학 강의에서 아이들과 경청하기 활동을 한 적이 있는데, 많은 학생이 경청을 제대로 해주기만 해도 대화가 얼마나 신나는지 자신이 인정받고 있다는 느낌이 드는지를 알려주었다. 그래서 부모들에게도 경청하는 방법을 알려주고자 한다.

경청하기의 방법은 다음과 같다.

(1) 아이에게 적절히 눈 맞춤을 한다.

(2) 아이의 말에 추임새를 넣어준다. '어~ 그렇구나' 혹은 고개를 끄덕이며 반응을 해준다.

(3) 아이의 말을 정리해준다. '그래 네가 ○○○했다는 거구나' 하고 정리해주면서 듣는 사람이 잘 듣고 있음을 보여준다. 이를 통해 듣는 부모가 잘못 이해한 것은 아닌지를 검증할 수 있다.

(4) 아이에게 묻기도 한다. '그래서 어떠했는데?' 정도의 간단한 질문이면 좋다. 정확한 이해를 위해 '네가 한 말은 ○○○ 뜻이니?' 하고 물을 수도 있다.

이처럼 경청을 하다 보면 아이의 이야기가 길어지는 것을 경험할 것이다. 아이가 부모에게 듣기 싫은 말을 할 때 내가 언제 그랬냐고 따지거나 변명하려 말고 그냥 적어보자. 그리고 아이가 듣고 싶어 하는 말을 잘 보이는 장소에 붙여놓자. 그리고 자꾸 그 말을 하려는 노력을 보여주자. 사춘기 아이들이 쑥스러워하는 듯하지만 내심 좋아한다. 자기 말을 듣고 조금이라도 노력하는 부모의 태도에 아이도 감동받을 것이다. 부모가 먼저 이렇게 베풀어야 아이도 자신의 행동을 통제하게 된다. 한번 직접 경험해보길 바란다.

학교 선생님들과 협력하기

선생님과 소통의 어려움

아이가 중학교에 들어가면서 나도 여러 가지로 긴장되었다. 아이가 학교에 잘 적응하는지, 아이의 반은 어떠한지 등 모든 게 궁금하고 알고 싶었다. 그런데 그런 상황을 객관적으로 들을 길이 없었다. 중학교에 와서 많이 당황스러웠던 점 중 하나가 아이 상황을 객관적으로 나눌 선생님의 부재(不在)였다.

담임선생님이 아이를 파악하는 정도가 초등학교 선생님과는 분명 달랐다. 그도 그럴 것이 초등학교 담임선생님은 아이들과 거의 같이 지내므로 아이들의 변화와 문제를 빨리 알아채며 종합적으로 알고 있는 편이었다. 그런데 중학교부터는 교과목에 따라 선생님이 다르다 보니 담임선생님과의 교류가 제한된다. 그러니 담임선생님이 아이에 대해 잘 모르는 경우가 많다.

아이가 학교에서 뭔가 곤란한 문제가 생긴 것 같아도 물을 대상이 없다는 데 참 답답했다. 그나마 딸인 경우는 낫다. 여자아이들은 학교나 주변 상황 이야기를 전달하기라도 한다. 그래서 대충 아이의 이야기를 통해 반의 분위기나 아이들과의 관계, 문제 유무 정도를 파악할 수 있다. 하지만 아들에게는 이를 기대할 수 없다. 남자아이들은 거의 자기 이야기를 꺼리기 때문에 학교에서 도대체 어떻게 지내는지 알 길이 없다.

그래서 결국 다른 부모들의 정보에 의지한다. 다른 아이가 혹시 우리 아이 이야기를 하지 않았는지 듣고 싶어 한다. 학부모 모임을 가면 딸 엄마들보다 아들 엄마들의 출석률이 높은 편이다. 도무지 알 수 없는 아이의 학교생활에 대한 작은 정보라도 듣지 않을까 싶어 모임에 적극적으로 참석한다.

이에 대해 가깝게 지내는 중학교 선생님과 이야기를 나눈 적이 있다.

"학교에서 큰 말이 없으면 잘 지내고 있다 여기고 지금처럼 하면 돼요."

"그래도 저는 뭔가 아이에 대해 듣고 싶은 게 많은데 별말씀이 없으니 답답할 때가 있어요."

"담임선생님이 별말씀 없다는 것은 아이가 스스로 잘하고 있다고 여기기 때문일 거예요. 선생님들 중에서는 아이를 믿고 지켜보시는 분이 많아요. 그리고 요즘은 아이들 사이의 문제에 선생님이 잘못 끼어들면 아이들이 더 곤혹스런 상황이 되기도 해요. 아이들 문제에서 누구 편을 보였을 때 그게 더 악영향을 주어 그 아이를 미워하고 소외시키기도 해서 선생님도 조심스러워요."

우리 아이에 대해 충분히 알지 못하는 선생님을 보면서 조금 아쉬운 마음도 있었다. 선생님도 여러 반을 다니기에 아이들 파악이 분명 초등학교 선생님만큼 용이하진 않겠다 싶다. 실제로 중학교에서 아이들을 만나고 그곳 선생님들을 보면서 그분들의 고충도 이해가 되었다. 아이들도 선생님께 얘기하는 것이 조심스럽고, 선생님들도 아이의 문제에 효과적으로 개입하는 방법을 찾기 쉽지 않을 것이다.

선생님들의 애환 – 사춘기 아이들과의 관계

사춘기 때는 문제 행동을 보이는 아이가 월등히 많아지기 때문에 그들을 관리하거나 살피는 게 여간 어려운 일이 아니다. 하루에도 수없이 싸움이 일어나고, 이런저런 문제로 생활부나 상담실로 불려가고, 교실에서 발생하는 도벽이나 왕따 같은 문제 행동들이 발생하면 피해 여부와 함께 가해자도 찾아야 하는 등 일이 복잡해진다.

실제로 선생님들은 아이들을 가르치는 것보다 생활 지도하는 게 제일 어렵다고 한목소리로 말씀하신다. 여기에 2012년 새로이 시작된 정서 행동 발달 검사로 아이들의 문제 양상을 찾아 도와주는 과정에서 담임선생님들에게 임무가 그대로 전가되어 더 많은 어려움을 겪는다. 아이들이 생각보다 우울 등의 정서 문제나 자살 충동을 느끼는 사례가 많아지면서, 이들을 어떻게 대해야 하는지 부모에게는 어떻게 전해야 하는지 등의 고민도 많아졌다. 선생님들은 진심으로 아이들을 돕고자 하지만, 정말 시간이 부족하고 해야 할 일이 많아서 역부족이라고 호소한다. 또한 상담을 전문으로 하지 않거나 그런 분야에 관심이 크지 않은 선생님들에게 이는 또 다른 과업이 된다고 불평한다.

선생님들은 사춘기 아이들을 다루는 것이 참 어렵다고 고백한다. 한 중학교 강의에서 P 선생님은 반항적이고 거친 아이들의 행동을 이해해주고 수용해주면 다른 아이들에게는 어떻게 대해야 할지 난감하다고 호소했다. 더욱 선생님을 화나게 하는 것은 그들의 어려움을 이해해주고 받아주니까 바뀌기는커녕 더 버릇없어지고, 심지어는 반 친구들에게 문제 행동을 전염시키면서 전체 분위기를 흐린다는 점이다. 여기에 자살 충동까지 있는 아이들을 어떻게 해줘야 할지 고민이라고 한다. 꾸중하자니 그러다가 자살 행위로 바뀔까 겁나고, 그들을 감싸주면 행동이 고쳐지는 게 아니라 이렇게 배은망덕한 행동만 보이니 어찌할 방법을 찾지 못하겠단다.

적대적 행동을 보이는 아이들에게 받는 선생님들의 상처는 이루 말할 수가 없다. 선생님도 사람인지라 나쁜 소리하는 것을 참는 게 쉽지 않다. 대놓고 선생님 앞에서 욕설하며 무시하는 행동을 하는 아이들 때문에 혈압이 높아져서 학교에 오는 것이 겁난다는 L 선생님도 계셨다. L 선생님은 30년 넘게 교직에 계시면서 요즘 아이들처럼 힘든 경우는 처음 겪는다고 말하셨다. 이런 아이들을 일선 교사가 담당하라는 것은 무리 아니냐고 반문하셨다. 요즘 아이들의 이런 반항적 모습을 견디기 힘들어하셨고, 매일 터지는 사건 사고들을 다루는 데 몹시 버거워하셨다.

내 자식 하나도 통제하기 힘든데 그런 아이가 30~40명씩 있는 한 반을 지도한다는 것이 얼마나 어려울까 하는 생각이 든다. 부모도 쉽게 통제하지 못하는 아이가 한 반에 여럿 있으면 친구들과의 동조 양상으로 문제 모습이 더 격해지는 경우가 많다. 또한 기성세대에 대한 거부와 반항적 태도로 선생님을 멀리하거나 아예 무시하려는 행동이 많아지는 상황에서 선생님이 어떤 태도를 취해야 할지 고민이 되실 법하다.

선생님들도 자신의 감정을 다스리며 아이들을 만나려 애쓴다. 그런데 아이들이 그런 선생님의 고충은 아랑곳하지 않고 경우 없이 행동할 때는 선생님도 사람인지라 아이들을 품는 데 한계가 느껴질 것이다.

나도 아이들이 대놓고 "선생님이 하는 게 뭐냐? 누가 이런 과목 만들었냐? 야, 다들 엎드려 자자. 노래나 부르자" 등의 말을 하면 감정을 추스르기 힘들 만큼 기분이 상한다. 그래서 나도 모르게 으름장을 놓거나 같이 비열해지기도 한다. 이 순간 나도 성숙한 어른이 아니라 중학생 아이들과 똑같이 반응하는 미숙한 모습을 보이는 것이다.

한번은 나도 기분이 언짢아서 "이 반은 A밖에 제대로 하는 친구가 없군" 해버렸는데, A 학생이 오히려 친구들 사이에서 놀림이 되어버리기도 했다. 나의 순간 실수로 바르게 수업에 참여한 학생을 곤란하게 만든 걸 알고 참 미안했다. 이 일 이후 중학교 아이들과 함께하는 선생님들은 얼마나 힘드실지 이해할 수 있었다. 하루에도 열두 번씩 자신의 마음을 다스리지 않으면 정말 아이들에 휘둘려 어린아이 감정에 머무를 수 있으니 말이다.

선생님이 사춘기 아이들의 문제를 다루기 가장 어려운 경우는 그 아이의 부모가 비협조적일 때란다. 선생님이 부모를 불러도 오지 않는가 하면, 와서는 내 자식은 아무 문제가 없는데 자꾸 오라 가라 한다며 항의하는 부모도 있다. 그리고 아이의 문제를 아예 인정하지 않는다. 우리 애가 그럴 리가 없다고. 그래서 선생님들은 "문제 아이 뒤에는 문제 부모가 있다"고 입을 모아 말한다. 이런 말을 들을 때마다 내 아이를 다시 보게 된다. 내가 키운 대로 아이가 밖에서 행동하고 있구나 싶다.

어떤 부모는 자기 아이를 너무 위하는 나머지 학교에서 조금만 아이에게 섭섭하게 대하는 일이 있으면 무조건 학교장이나 교육청으로 연락해서 선생님들을 궁지에 빠뜨리곤 한다. 이처럼 문제가 생겼을 때 먼저 학교와 성심 성의껏 의논도 하기 전에 일을 크게 만드는 학부모도 많다.

피해자 부모의 경우 자기 아이가 당한 일에 대해 법적으로 대응하려는 행동부터 보이는 분도 많아서 곤혹스럽다. 주로 법조계에서 일하시는 분들이 그쪽 관련 일을 많이 하다 보니까 아이가 친구들에게 피해를 보면 바로 폭력 행위로 규정하고 증거를 모아 부모들과 상의도 하지 않고 '폭대위(폭력대책위원회)'를 소집하라고 요구한다.

이 폭대위는 피해 아이들을 보호하려는 취지에서 2012년에 만든 제도이다. 학교에서 문제가 생겨 폭대위로 안건이 올라오면 학교와 경찰이 연합하여 체계적으로 조사해서 그 경위를 기록하는데, 생활기록부에 적어도 5년 정도 남는다. 아이가 좀 억울하게 피해를 보았다 싶으면 가해자 부모와 서로 잘 협상하거나 일의 진위를 알아보기도 전에 폭대 위로 신청하려는 부모들이 생겨서 일이 자꾸 커진단다.

선생님과 협력하기

그렇다면 부모가 어려움이 많은 선생님들을 이해하는 동시에 우리 아이를 도울 수 있는 방법은 무엇일까? 부모의 입장에서 선생님을 객관적으로 보면, 내 아이를 지도했던 선생님의 유형은 참으로 다양하다. 어떤 선생님은 전문가인 내가 배우고 싶을 정도로 아이들에 대한 이해나 보는 관점이 탁월하시고, 아이들을 다루는 태도도 존경스럽다. 반면 아이들에 대해 전혀 파악하지 못하는 선생님도 있고, 심한 경우 반 아이들이 자기 방식대로 따라오지 못하면 낙인찍어버리는 선생님도 보았다.

올해 정서 행동 발달 검사가 시행되면서 학교 내의 폭력 등에 대한 관리가 엄격해짐에 따라 선생님들의 반응도 다양하다. 그런데 생각보다 많은 선생님이 문제 아이를 책임지는 데 굉장히 민감해하고, 그 아이로 인해 문제가 생기면 선생님께 오점이 될 것을 우려해 학교에서 일어나는 일까지 모든 책임을 부모에게 떠넘기려 한다. 참 안타깝다. 선생님도 사람인지라 정말 각양각색이다. 이왕이면 아이의 교육뿐 아니라 상담에도 열정이 있는 분이면 좋으련만, 그렇지 못한 선생님이 태반인 게 현실이라 여겨진다.

부모가 선생님들의 이러한 애환을 잘 이해하고, 선생님의 유형을 잘 파악해서 반응하는 것도 중요하리라 본다. 선생님이 아이의 문제에 대해 적극적으로 나서고 관심이 많다면 함께 협조해서 해결해가는 데 무리가 없겠지만, 현실적으로 선생님이 모든 아이의 문제를 해결해줄 수도 없고, 관심을 깊게 갖는 데도 한계가 있음을 부모가 알아야 한다. 특히 아이들 문제에 적극적이고 주도적으로 나서는 선생님들의 경우, 부모가 요구하기보다는 선생님을 존대하면서 먼저 수고를 인정해주는 것이 필요하다. "우리 아이 때문에 많이 힘드시지는 않으세요?" 등 조금은 낮은 자세로 선생님을 대해야 선생님도 도울 방법을 하나라도 더 생각할 수 있다. 이런 선생님 앞에서 부모가 고자세로 나오는 것은 자녀의 학교생활에 큰 도움이 되지 못한다.

아이의 문제 행동에 잘 대처해서 도와주시는 선생님이 계시다. 그 선생님은 아이의 문제 행동을 혼자 고민하지 않는다. 교육청 등에 도움을 구하는데, 교육 관련 전문가가 직접 학교로 방문하여 학급에서 하는 아이의 행동을 관찰하며 함께 해결 방안을 찾는다. 또한 이러한 사실을 부모에게도 알리고 부모 면담뿐 아니라 아이에게 상담 등 외부 지원도 적극적으로 받도록 권한다. 한편 학교에서 도울 수 있는 방안을 찾기 위해 선생님, 부모, 교육청의 지원자, 외부 상담 전문가가 함께하는 자리를 마련해서 아이에게 어떻게 해줄 수 있는지를 같이 고민하고 방향을 잡아간다. 모든 선생님께 이런 선생님처럼 되어 달라고 바랄 순 없다. 단지 이렇게 이상적인 방법으로 아이를 돕고자 하는 선생님이 계시다는 사실만으로도 희망적이다.

그러나 상담에 대해 관심이 없는 선생님도 많다. 그렇다면 부모가 아이를 위해 학교의 자원을 적극적으로 활용하는 것도 좋은 방법이다. 담임선생님이 아이의 문제에 대해 적극적으로 개입해서 도와주려는 의지가 적거나 힘겨워한다면 학교 상담실이나 교육청 상담실, 정신보건센터, Wee 센터, 건강가정지원센터 등 청소년 상담을 무료로 실시하는 곳을 적극적으로 활용하길 권한다.

다만 이러한 기관에서는 청소년 상담을 한시적으로 진행하는 단점이 있다. 그래도 아예 활용하지 않는 것보다는 이런 상담을 통해 아이가 자기의 이야기에 귀 기울여주는 사람을 만나고, 자기 마음과 생각을 정리하는 기회를 갖는 것은 의미 있는 일이다. 반드시 담임선생님하고만 모든 문제를 해결할 필요는 없다. 생활부장 선생님이나 상담 선생님과의 상담을 통해서도 도움을 받을 수 있다. 혹은 아이가 좋아하는 교과목 선생님과 면담을 할 수도 있다. 그런 여러 자원을 적극 활용한다면 아이의 문제를 최소화할 수 있으리라 믿는다.

아이에게 문제가 생겼을 때

아이에게도 학교에서 문제가 생길 때 어떻게 대처할지 알려줘야 한다. 선생님이나 부모님께 이야기하는 것은 기본적으로 중요한데, 정작 아이들은 어른들에게 이야기를 쉽게 꺼내지 못한다. 그 이유는 이야기하는 것을 고자질로 오해받아 오히려 더 놀림감이 될까 봐 걱정하기 때문이다. 그렇다고 혼자 끙끙거리면 문제가 더 심각해진다.

한 아이는 자기가 친구 문제로 오랫동안 갈등을 겪는 게 너무 답답해서 학교 상담실을 찾아가 상담을 받았단다. 이런 모습에 그 아이의 부모는 뭘 그렇게까지 하느냐며 아이가 유별나고 창피한 줄 모른다고 오히려 아이에게 핀잔을 주었다. 하지만 내가 보기엔 아이가 부모보다 훨씬 똑똑하고 건강하다. 엄마는 선생님이나 다른 친구의 시선을 의식하고 있지만, 아이는 자신의 고충을 해결할 방법을 스스로 찾고 있기 때문이다.

학교에서 상담실을 이용하는 것은 제3자에게 자신의 이야기를 함으로써 객관적으로 자신을 보고 위로도 받을 수 있는 좋은 방법이다. 부모가 아이에게 학교 상담실을 적극적으로 활용하도록 격려해주면 좋겠다. 부모에게도 더 이상 이야기하기 힘든 것을 상담실을 통해 나누는 것 또한 아이의 숨구멍을 열어주는 길이 되니까 말이다.

한 예로 중3 효중이는 자기를 장애인이라고 놀리는 친구들에게 대응하기 위해 선생님들과 아예 한편이 되었다. 그래서 자신을 공격하려 할 때 경고를 주고, 몇 번 참다가 계속 언어적으로든 신체적으로든 공격을 받으면 생활부 책임 선생님께 바로 알린다. 그러면 선생님들이 바로 가해 아이들을 처벌하신다.

효중이는 자신을 괴롭히는 아이들에게 올해 생긴 폭대위에 대해 말해준다고 한다. 거기에 적혀 있는 구체적 내용을 언급하면서 계속 그러면 폭대위에 올릴 거라고 하니까 자신을 괴롭히던 행동이 뚝 끊겼단다. 효중이는 자신의 약점을 괴롭히는 아이들에게 자신만의 방법으로 대처하고 있다. 혼자 아이들을 대응할 힘이 없으니 선생님을 자기편으로 만든 것이다.

간혹 내 아이가 부당하게 가해자로 오해받아 궁지에 몰리는 경우도 있다. 자기는 하지 않았는데 같이 몰려다닌 이유만으로도 가해자가 되기도 하고, 내 아이가 가해 목적이 없더라도 피해자가 피해를 입었다는 증거만 있으면 가해의 주동자가 되기도 한다. 최근 폭력 행위에 대한 규정이 매우 복잡해지고 까다로워졌지만, 아이들은 정작 그 사실을 잘 몰라 논란이 많아지고 있다. 폭력 규정에 대한 내용을 충분히 알아두어서 아이 자신의 행동이 혹시 가해자의 행동은 아닌지 살피는 것도 필요하다.

혹여 내 아이가 가해자로 몰리는 상황이 되면 우선 피해자 부모와 감정싸움이 되지 않도록 주의하는 것이 좋다. 그리고 피해 부모에게 어떤 형태라도 가해진 피해에 대해 적극적으로 사과한다. 그럼에도 피해자 부모가 잘 용서하지 않으려 하고 시시비비를 가려야 하는 상황이라면, 반드시 학교 선생님을 중재자로 두는 것이 좋다. 그래야 일이 공평하게 해결될 확률이 높다.

피해 학생이 가정에서 이혼이나 혹은 장애 등 다른 문제를 갖고 있는 경우, 피해 학생 부모가 매우 민감하게 반응할 가능성이 높다. 그런 경험이 오래 누적되어 아이에게 일이 생기면 그동안의 억울함이 함께 터져 나와 쉽게 타협하지 않으려 한다. 이런 피해 부모의 경우 감정상 매우 격양될 가능성이 많기 때문에 조심해서 반응해야 한다. 쉽게 해결하려는 것도 만만하게 보거나 무시한다고 여길 수 있으므로 섣부르게 타협을 요구하지 말고, 피해 아동 부모가 스스로 철회하도록 잘 설득하는 게 필요하다.

반대로 내 아이가 피해자가 되어 부모에게까지 알릴 때는 그만큼 문제가 심각할 수 있다. 따라서 아이들끼리 그럴 수 있는 일이라고 그냥 쉽게 넘어가지 않아야 한다. 부모에게 이야기할 정도로 고통스럽고 심각하다는 점을 놓쳐서는 안 된다. 일단은 아이의 말이 사실인지 객관적인 시각으로 알아보아야 한다. 아이의 정보를 확인하고 대응하는 태도를 부모가 보여줘야 자녀가 부모와 자신의 어려움을 계속 나눌 수 있다.

간혹 가해자 부모와 이야기가 되지 않을 경우도 있다. 가해 학생의 부모가 나타나지 않기도 한다. 아이를 방치하는 수준으로 "나도 모르는 자식이다"라고 하는 경우에는 참 답이 없다. 이런 환경의 아이가 가해 학생일 경우는 꽤 많다. 부모가 아이에게 무관심하니 아이도 문제 행동을 할 수밖에……. 그렇다고 내 자녀가 계속 그런 아이들의 희생양이 되도록 둘 순 없다. 자녀가 스스로를 보호할 수 있도록 힘을 키우게 하던가 주변의 보호 장치를 만들어야 한다.

자녀가 그런 피해를 부끄러워하지 않고 부모와 이야기 나눌 수 있도록 하는 게 가장 중요하다. 사춘기 아이들은 자신의 일을 스스로 처리하려는 경향이 많아서 부모에게 이런 일까지 나누어야 할지 고민하다가 혼자 해결하다 보니 일을 더 심각한 지경으로 만드는 경우도 있기 때문이다.

선생님이 문제가 있다고 말씀하실 때는 빨리 수용하고 같이 대처 방법을 찾도록 한다. 부모가 이런 협조에 적극적일 때 아이도 변화를 보일 가능성이 크다고 선생님들은 말한다. 선생님께 실망하고 학교에 대해 배신을 느낀 부모가 아이를 유학 보내거나 자퇴시키는 경우도 많이 봤다. 선생님과의 협조가 잘 되지 않으면 이런 결과를 가져올 가능성이 높다.

어쩌면 앞의 선생님 말씀처럼 고통스럽지만 내 아이가 문제를 스스로 잘 헤쳐 나갈 것을 기대하며 바라보는 것도 필요할지 모르겠다. 선생님들은 오랜 경륜을 통해 오히려 아이들 문제에 일일이 개입하는 것이 사춘기 아이들을 곤경에 빠뜨리고 성장을 저해한다고 깨달으셨을 것이다.

사춘기 아이들이 버겁고 힘들기에 학교 선생님들 또한 아이들을 돕는 데 한계를 느낄 수 있다. 그럼에도 여전히 학교 선생님과의 협조는 부모에게 매우 중요한 일이다. 선생님이 내 아이를 충분히 알고 있지 못하더라도 선생님을 믿고 함께할 때, 아이는 자신을 지켜주는 사람들이 언제든 가까이 있다고 안도할 것이다. 이러한 신뢰를 가진 아이는 시련을 이겨내려는 마음을 다잡을 수 있다. 따라서 부모가 먼저 선생님께 믿음으로 따뜻하게 다가가야 하겠다.

싸우지 않고 아이와 대화하는 법

내 아이의 꿈 이야기

사춘기 아이와 부모의 관계에서는 대화를 잘 유지하는 게 무엇보다 중요하다. 그런데 이렇게 말하면 부모들은 도대체 뭘 이야기해야 할지 모르겠다고 하소연한다. 새삼스레 이야기하자고 하는 것이 어색하다는 부모도 계셨다. 아이들과 대화가 쉽지 않은 부모들에게 내가 경험한 방법을 알려드리고자 한다.

주말 아침, 피곤한 듯 좀처럼 눈뜨기 힘들어하는 딸아이가 투덜거리며 일어난다. "세상에 내가 그런 해괴한 꿈을 다 꾸다니. 뭐 그런 꿈이 있어! 정말 기분 더러워" 하면서 계속 종알거린다. 도대체 무슨 꿈을 꾸었을까 싶으면서도 교회에 늦겠다며 급히 서두르는 딸아이의 모습에 물어보지 못했다.

오후 늦게 점심을 먹다 문득 아이의 꿈이 궁금해졌다. 딸아이는 꿈 이야기를 친구에게 했더니 모두 빵 터졌단다. 자기는 너무 고심이 되었는데 친구들은 그저 웃기만 했단다. 도대체 무슨 꿈일까 싶어 물었더니, 가족 모두가 나왔지만 결코 즐겁지 않은 꿈이었단다.

엄마가 다른 이상한 남자를 만나서 아빠랑 헤어졌다는 게 꿈의 요지였다. 엄마가 좋아한다고 말하는 사람이 자기가 보기엔 얼굴도 밋밋하고 엉성한 듯했는데 엄마는 좋다며 그 남자를 따라간다고 했단다. 그 옆에 서 있는 아빠는 아무 말도 못하고 안타까워하면서 그냥 보내주려 하고 있어 아이는 무척 당황했단다. 자기는 엄마가 왜 그러는지 몰라 말리고 싶었는데, 아빠도 가만히 있는 상황에서 자기가 어떻게 해야 할지 모르겠고 서러워서 막 울려던 찰나 엄마가 깨워 일어났다고 한다.

딸아이는 이 꿈이 너무 힘들었단다. 가족의 모습이 이렇게 되면 어쩌나 하는 생각에 몹시 불안했던 모양이다. 엄마는 왜 그렇게 이상하게 생긴 사람이 좋다고 떠난다는지 모르겠다며, 마치 실제 있는 일인 양 내게 화를 냈다. 그러면서 딸아이가 내게 다짐을 받으려 한다. 아빠랑 헤어지면 절대로 안 된다고.

꿈 이야기를 들은 나도 빵 터지긴 마찬가지였다. 어릴 적 부모가 헤어지는 꿈을 꿔본 기억이 없기에 왜 우리 딸이 이런 꿈을 꾸게 되었을까 궁금해져 혼자 이유를 분석해봤다.

부모의 관점으로 현재 삶의 모습 속에서 원인을 찾아본다면, 우습게도 최근의 내 모습이 문제가 되었던 것은 아닐까 싶다. 겨울 방학이 되면서 학기 중의 스트레스라도 풀어내듯 한동안 드라마에 빠져 지냈다. 내가 드라마 주인공들을 좋아하는 모습에서 아이가 저런 순진한 착각(?)을 하게 되었을까 하는 생각도 들었다. 아이가 보기에는 엄마가 드라마 속 주인공에 친근감을 너무 표현하니 아빠에게 소홀하다는 느낌을 받은 듯도 싶다.

실제로 그 당시 나도 남편을 꽤나 미워했던 것 같다. 살다 보면 부부가 느끼는 관계 곡선이 있다. 좋은 날도 있지만 외적 상황으로 생기는 스트레스로 갈등의 골이 깊어지는 시기도 있는 법이다. 그 즈음 우리 부부는 남편의 이직 후 불투명한 미래에 대한 막연한 불안과 현실의 경제적 어려움 등을 이유로 답도 없는 싸움을 이어갔다.

이러한 모습을 자주 보이면서 아이가 부모님의 관계가 전처럼 살갑지 않다고 생각한 것 같다. 남편이 바빠지면서 서로 만나는 시간도 줄어 정서적 교감이 충분하지 못했고, 여기에 경제적으로 어려운 고비들이 생기면서 갈등하고 다투는 일도 많아졌다. 눈치가 빨라진 아이가 이런 부부 싸움을 멀리서도 다 듣고 있었던 것 같다. 내 마음도 많이 남편에게 냉담해져 있었는데, 이런 느낌이 딸아이에게 전해진 것 아닌지……. 내가 도망가고 싶어 하는 마음을 딸아이가 표현해준 것은 아닐까 하고 생각하니 섬뜩해진다.

꿈 이야기로 본 아이의 속마음

아이의 관점에서 다시 꿈을 생각해보면, 왜 하필 아빠가 아닌 엄마가 떠나는 꿈을 꿨을까? 엄마가 딴사람이 생겨서 떠날 수 있다고 여긴 것

은 심리적으로 나와 충분한 연결 고리가 없기 때문은 아닐까? 딸아이
는 부모와의 관계에서 아빠에게 더 안정감을 찾고 있는 것 같다. 최근
학교에서 과제로 받아온 부모에 대한 이미지 조사에서도 이를 엿볼 수
있었다. 아빠는 '바다', 엄마는 '태양'이라고 비유하면서 그 이유를 아빠
는 바다처럼 자기를 다 받아주고 사랑해주는데, 엄마는 태양처럼 따스
한 햇살이 되기도 하지만 가끔은 뜨거운 햇빛이 되어 자기를 아프게 한
단다. 아빠는 늘 자기편이라 믿는 데 비해 엄마는 사랑도 주지만 혼내
기도 하고 질책도 하는 게 정말 자기편인가 의심이 되는가 보다. 아직
도 입버릇처럼 엄마가 자신을 사랑하는지 확인하는 모습이 장난만은
아닌 것 같아 뜨끔해진다. 특히나 엄마가 학업을 챙기다 보니 엄마에
대한 모순 감정이 더욱 분명해진 것 같다.

  딸은 처음으로 가정이 깨지는 고통을 꿈속에서나마 느꼈다. 이혼한
가정을 직접 본 적도 없는 아이가 왜 이런 이야기를 하나 싶은데, 꿈의
내용은 직접적 경험일 수도 있지만 아주 사소한 기억에서 시작된 경우
도 많다. 텔레비전이나 여러 매체에서 접한 장면이나 이야기가 그 당시
에는 아무렇지도 않았을 수 있지만, 꿈에서는 매우 크게 작용할 수 있
다. 가족의 연대가 좀 느슨하다고 느끼면서 가족 해체에 대한 공포가
생긴 것이다. 엄마는 개인적 일이 많아져서 바빠지고 딸은 사춘기가 되
면서 혼자 있고 싶어 하는 게 많아지면서 양적으로 같이 있는 시간도
줄고 질적으로 서로 나누고 교감하는 기회도 줄다 보니 심리적으로 가
족 간의 정서적 유대감이 떨어지고 있음을 직감했던 것 같다. 그런 두
려움이 꿈의 형상으로 환원되어 나타난 것이다.

동시에 사춘기를 맞이한 딸도 독립에 대한 부담감을 엄마의 모습으로 대치시켜 나타냈다. 자신이 부모를 떠나서 독립을 하는 것을 가정을 깨뜨리는 모습이 되는 것으로 보고 저항하고 있다. 사춘기 아이들이 보이는 흔한 갈등이다. 독립을 갈망하지만 동시에 부모의 품을 완전히 벗어나기에는 유아적 의존 욕구가 여전히 남아 있어 독립과 의존의 두 양면에서 심한 갈등을 겪는다.

가족이라는 튼튼한 울타리를 원하는 것은 그만큼 의존하고자 하는 욕구가 강하다는 표현인데, 독립에 대한 욕구가 강해지면서 익숙한 습관을 버리고 새롭게 거듭나야 하는 데 강한 불안을 보이는 것이다. 청소년기가 끝나는 무렵까지 이런 갈등은 계속 증폭될 것이다. 표면적으로 원하는 가정의 안전한 울타리를 확실하게 보여주는 것이 이런 갈등을 그나마 편안하게 극복하는 길이라 할 수 있다.

이후 나는 휴식 시간들을 가족과 보낼 방법을 고민해보았다. 남편을 미워하는 마음이 아이에게 전해진 데 대해 남편에게 미안하기도 하고, 딸에게 정서적 에너지를 충분히 주지 못한 나의 모성애도 반성하게 되었다. 사춘기의 많은 과제를 혼자 넘어가야 하는 고통 속에서 가족의 울타리를 강하게 느끼고 싶어 하는 딸의 마음에 힘을 주어야겠다는 생각이 들었다.

그래서 가족이 좋아하는 맛난 음식을 먹으러 다니기도 하고(이는 꼭 멋진 레스토랑이나 비싼 음식을 의미하지 않는다), 함께 영화도 보고 OST를 들으며 공감의 끈을 만들어갔다. 딸의 꿈이 나의 마음을 움직였고, 진정으로 가족을 돌아보는 계기가 되었다. 그리하여 바쁘다며 크로노스적 시간(시계적으로 도는 양적 시간 개념)으로만 살던 내게 가족이 함께하는 카이로스적 시간(내게 의미 있는 질적 시간 개념)의 소중함을 깨닫게 했다.

꿈으로 소통하기

나의 개인적 경험이긴 하지만, 아이의 꿈은 아이의 마음을 들여다볼 수 있는 또 다른 방법이라는 생각이 든다. 그래서 사춘기 자녀들의 꿈을 그냥 지나치지 말고 함께 이야기하는 시간을 갖는 것도 좋다.

그렇다면 어떻게 나눠야 할까? 꿈은 무의식적인 자신의 상태를 암호화해서 보여준다. 꿈에서는 꿈 꿀 당시의 기분, 꿈속의 분위기, 등장하는 것들(인물, 장소, 물건 등)의 연관관계를 통한 전체 예측, 꿈에서 깰 때의 기분, 꿈을 생각할 때의 기분 등을 알아보는 게 중요하다. 왜냐하면 꿈은 착각으로만 성립되는 게 아니기 때문이다. 예를 들어 꿈속에서 도둑을 두려워한 경우 확실히 그 도둑은 환상에 지나지 않지만 공포는 현실적인 것이 된다. 그래서 꿈에서 느낀 감정들을 알아보는 것이 좋다.

청소년들이 스트레스가 늘어가면서 쫓기는 꿈, 갇히는 꿈, 떨어지는 꿈, 빠져나오려 해도 도무지 나오지 못하고 옴짝달싹 못하는 꿈 등을 꾸는 경우가 많다. 간혹 가위눌림 때문에 힘들어하기도 하는데, 이는 꿈에서 깨어나는 과정 중 생각하는 의식만 돌아오고 움직이는 의식은 돌아오지 않아 생기는 일종의 뇌 활동 오류이다. 잠꼬대가 많거나 야뇨증, 몽유병, 잠버릇 등도 뇌 활동 오류로 인해 발생한다.

가위눌림으로 생길 수 있는 기능 마비는 순간적인 두려움을 주는데,

사실 2~3초밖에 되지 않는다. 공포를 느껴 가위눌림이 생기는 것이 아니라, 가위눌림의 증상 때문에 공포가 발생한다. 청소년기 아이들이 이런 꿈을 많이 꾸는 이유는 내적 갈등과 스트레스가 급증하기 때문이다. 아이들이 이런 꿈 이야기를 할 때는 진지하게 들어주면서 심적 부담감을 조금이라도 해소시킬 수 있는 방안을 함께 찾아보려는 자세가 필요하다.

사춘기 남자아이들은 꿈을 통해 성적 충동을 해결하면서 몽정을 하기도 한다. 이런 모습을 부모에게 숨기려고 속옷을 몰래 버리는 아이도 많다. 이런 꿈은 나름 생산적이다. 많은 연구가가 꿈을 휴가와 같은 것이라고 말한다. 마음이 휴양하고 낮 동안의 일을 위해서 새로운 힘을 축적하는 상태가 바로 꿈이라는 것이다. 낮에 개방되어 있던 마음의 많은 상처를 잠이 덮어주고 새로운 자극으로부터 보호해줌으로써 치유해준다는 의미이다.

꿈은 실제로 감추어진 뜻을 가지고 있으며, 그 감추어진 뜻이 소망의 충족이라고 프로이트는 말했다. 모든 소망은 '인정받고 싶은 욕망'이라고 한다. 청소년의 꿈은 좀 단순한 소망 충족이고 어른의 꿈에 비해 재미가 없다. 특별히 풀어야 할 수수께끼는 없지만 이들의 꿈은 가장 내적인 욕구, 즉 소망 충족을 의미하고 있음을 증명하는 귀한 자료이다. 청소년들이 꿈을 통해 말하고자 하는 그들의 무의식에 관심을 갖고 그 의미를 행동으로 표현해준다면, 그들은 좀 덜 외롭게 청소년기의 홀로서기를 감당할 수 있지 않을까 싶다.

사람의 꿈은 여러 가지를 말해준다. 꿈을 자주 꾸지 않는 사람은 자기 방어가 많기 때문이라는 말도 있다. 그만큼 꿈은 자기의 무의식에 있는 것을 드러내는 한 방법이다. 자기가 좀처럼 의식하지 못했던 것들이 마치 현실처럼 혹은 상징적으로 꿈에 나타난다. 꿈은 사람의 의식과는 달리 무의식의 일면을 드러내는 경우가 많아 합리적인 생각이 아니라 상징적인 이미지로 나타난다.

꿈을 나누는 것은 사춘기 자녀들의 드러나지 않은 내면을 알아볼 수 있는 좋은 소통 방법 중 하나이다. 아침에 일어난 아이에게 물어보자.

"꿈 안 꿨니?"

"꿈꾸니까 기분이 어땠어?"

그리고 그 꿈의 내용, 줄거리, 느낌을 나누어보자. 꿈의 해석을 어렵게 생각할 필요는 없다. 지금 처한 상황에서 느껴지거나 의미로 여겨지는 것을 떠올리면 된다. 직관적 느낌이 논리적 해석보다 더 중요하다. 꿈속에서 힘들었던 아이의 불안이 꿈 이야기를 통해 해소될 수 있다.

아이와 무슨 이야기를 해야 할지 모르겠다는 부모들에게 꿈은 중요한 소재가 된다. 또한 아이의 생각을 엿볼 수 있어 아이와의 관계를 한층 더 가깝게 하는 방법이 된다. 아이의 꿈 이야기를 통해 깨달은 점을 행동으로 표현해본다면 더욱 좋다. 그러면 아이는 부모가 자신의 이야기를 듣고 있다는 믿음을 가질 것이다.

겉모습에 속지 말고
속사람을 보기

사람의 외모가 주는 선입견

사람은 겉만 보고 모르는 법이건만, 외모나 드러나는 행동으로 그 사람을 판단하곤 한다. 그러지 말아야지 하면서도 외모적으로 깔끔하고 정갈하게 행동하는 사람에게 마음이 간다. 이러한 태도는 아이들한테도 그대로 적용된다. 단정한 몸가짐에 바른 태도를 하는 아이들을 보면 기분도 좋아지고, 자신 있게 말하는 모습이 어여쁘기만 하다. 반면 겉모습이 지저분하고 단아하지 못한 아이들에게는 뭔가 부족한 거 같고 꺼림칙해서 마음이 끌리지 않는다. 외모로 사람을 보려는 것은 사람들 관계의 기본 속성이기 때문에 무시할 수 없을 것이다.

일반적으로 사랑을 못 받고 심리적 문제가 많은 아이는 사랑을 많이 받고 건강한 아이보다 매력이 별로 없게 느껴진다. 아무리 멋진 옷으로 깨끗하게 부모가 꾸미려 해도 정서적 발달적 문제가 있는 아이들에게서는 단정한 느낌을 받기 힘들다.

그런데 상담을 오래하면서 깨달은 점 중 하나는 아이들의 상담 초기 모습과 종료 때의 모습이 상당히 다르다는 것이다. 처음에 만날 때는 매우 까칠한 모습에 지저분하고 사람 손길이 제대로 가지 않아 왠지 황량하게 보이던 아이가 상담이 끝날 무렵에는 눈빛도 선명해지고 몸가짐이나 행동이 번듯해져서 절로 사랑스럽게 보이니 말이다. 아이들이 가지고 있던 문제가 해결되면서 모습이 더욱 사랑스럽게 바뀌는 것을 여러 번 목격한다.

'아이들의 겉모습은 그들의 속사람을 반영하고 있다'는 진리 앞에서 늘 상담가로서 나 자신을 돌이켜보려는 훈련을 한다. 단지 사람의 외적 행위로 잘잘못을 치부하지 않고, 그렇게 행동할 수밖에 없는 보이지 않은 속사람의 상처에 민감하기 위한 끈을 놓지 않으려 부단히 노력한다. 어쩌면 나는 아이의 겉모습 안에 숨겨진 속마음을 다독였을 때 보여줄 변화를 기대하며 조금은 흥분 속에서 상담 과정의 어려움을 견디어내는지도 모르겠다.

대책 없던 유광이가 변할 수 있던 것

유광이는 흐트러진 머리에 흐릿한 눈동자, 삐죽거리는 입술 등 외모도 까칠해 보여 다가가고 싶은 마음이 잘 생기지 않는다. 게다가 교실에서의 행동은 더욱 문제다. 그래서 유광이는 선생님들 사이에서도 유명했다. 워낙 말을 안 듣고 자기 마음대로라 통제가 되지 않는다. 자리도 자기 마음대로 바꿔 앉고, 종이 접어 날리지 말라고 해도 선생님 앞에서 버젓이 하는 등 문제 행동을 일삼는다.

과학 시간에 유광이가 유희왕 카드를 갖고 놀다가 걸렸다. 카드를 집어넣으라는 선생님 말씀에도 아랑곳하지 않고 계속 갖고 놀기에 선생님이 뺏으려 했더니 갑자기 카드를 들고 뛰어 자기 사물함에 후다닥 넣어 자물쇠로 잠가버렸다. 선생님의 경고도 무시하고 멋대로 행동하는 유광이에게 화가 난 선생님이 카드 케이스를 압수해서 탁자 위에 놓았다.

그런데 수업을 진행하는 사이에 그 카드 케이스가 없어진 것이다. 선생님이 뒤늦게 이 사실을 알고 누가 가져갔는지 묻자, 유광이가 자기 것을 선생님이 괜히 빼앗아가서 잃어버렸다며 노발대발했다. 누가 가져갔는지 보지 못한 선생님은 우선 가져간 아이부터 잡고 그래도 안 나타나면 대신 물어주겠다고 했단다. 선생님은 만약 누군가가 가져간 것이 밝혀지면 학교 생활부에서 조사하고 처리할 거니 알아서 하라며 아이들에게 경고를 했다.

수업이 끝날 무렵, 유광이는 카드 케이스를 찾았다고 말했다. 선생님이 어디서 찾았냐고 묻자 뒷자리에서 주웠다고 한다. 선생님은 모든 것이 유광이가 한 행동임을 짐작했지만, 증거가 없는 상태에서 아이를 몰아세울 수도 없었다. 적반하장도 유분수지 선생님이 잃어버렸다고 몰아붙이고는 자기가 가져간 게 들켜 벌을 받을지 모르는 상황이 오자 싹 피하려고 하다니. 유광이의 그런 천연덕스런 행동이 얄밉기만 하다.

과학 선생님 말을 들으면서 나 또한 '정말 대책 없는 아이구나. 나라도 정말 미울 수밖에 없겠다'라는 마음이 들었다. 그런데 유광이 담임 선생님은 이런 아이를 참 현명하게 다루셨다.

보통 청소년기 아이들은 어른에게 마음을 열지 않고 경계심을 갖는다. 유광이도 그랬다. 선생님들이 불러서 이야기를 하면 자기가 잘못한 것도 아닌데 왜 자기 탓만 하느냐, 누구도 했는데 왜 나만 혼내느냐, 선생님이 봤느냐, 난 절대 아니다, 나 원래 이렇다 식으로 계속 말싸움이나 실랑이만 벌인다. 선생님이 좋은 말로 타이르고 싶어도 유광이의 이런 태도가 더 화를 돋우고, 대화 자체가 제대로 되지 않아 힘들어하셨다.

유광이의 거친 외모와 문제 행동은 심리적 상태가 망가질 대로 망가져 상처투성이가 되어 있다는 것을 반증한다. 유광이의 담임선생님은 바로 이런 점을 간파하고는 즉시 부모님을 불러 상담했다. 부모님과 이야기를 해보니, 가정에서 유광이에게 거는 기대가 큰 데 비해 유광이는 어릴 적부터 그 기대를 제대로 충족시켜주지 못했다. 열심히 했지만 성적은 안 나오고 유광이도 점차 낙담하면서 힘겨워했는데, 부모는 좀처럼 고삐를 놓으려 하지 않았다.

유광이가 자꾸 학업을 거부하고 성적도 계속 떨어지자 부모의 압박이 점차 강해졌고, 언어적 학대도 심해졌다. 유광이가 화가 나면 욕설이 나오는 이유다. 부모가 학업에 집착하는 이유는 부모 자신이 이루지 못한 꿈을 유광이가 대신 이뤄줬으면 하고 바라기 때문이다. 모든 부모가 자식이 나보다 잘되길 바란다지만, 유광이의 부모는 아이에게 기대하는 바가 매우 컸기에 유광이의 고충은 안중에도 없었다.

유광이 담임선생님은 이런 가정환경을 통해 유광이의 행동을 보려

했다. 아마도 유광이는 부모로부터 받은 스트레스를 학교에서 선생님들에게 다 풀었나 보다. 부모보다는 선생님을 미워하는 편이 쉬웠으리라. 선생님을 죽도록 미워하기 때문에 선생님이 하라고 하는 것은 다 거부했다. 부모에게 반항하지 못하는 것을 선생님의 말을 안 들으면서 대리 만족했을 수도 있다. 어차피 자기를 이해하는 어른은 없다는 생각에 선생님들과 대화를 하려고도 않는다. 선생님과의 대화는 결국 자기를 설득해서 어른의 뜻대로 만들어가려는 의도밖에 없으리라 생각하는 것일까?

자기(self)는 없고 부모가 중심인 삶에 대한 분노가 얼마나 참기 힘들었을까? 그래서 학교에서 선생님의 요구에 반항적으로 대들며 자신의 삶도 있다는 것을 드러내려 했을 것이다. 친구들에게는 그리 거칠게 하지 않고, 수업 시간에 나타나는 문제 행동만큼 정도가 심각하지 않다는 점이 선생님과 같은 어른에 반감이 더 크다는 것을 보여준다.

이후 담임선생님은 유광이와 점심시간이나 쉬는 시간에 따로 이야기하는 기회를 의도적으로 만들었다. 되도록 혼을 내지 않고 부드럽게 이야기를 유도하고, 유광이의 이야기를 들어주는 시간을 가진 것이다. 처음에 유광이는 쭈뼛거리며 이야기도 하지 않았고, 왜 소중한 자기 시간을 빼앗느냐며 투정하면서 변명하거나 남 탓을 했다. 그래도 선생님은 포기하지 않고 꾸준히 매일 한 번씩 유광이와 만나는 시간을 가졌다.

얼마나 시간이 흘렀을까. 점차 유광이도 선생님께 자기 이야기를 하기 시작했고, 학교에서 저지르는 문제 행동에 대해 자신의 잘못을 조금씩 인정하고 있다. 그리고 담임선생님이 칭찬해주자 점차 애같이 기뻐하는 모습도 살아나고 있다. 유광이는 선생님을 통해 부모에게서 못 받았던 관심과 애정 어린 대화를 경험한 것이다. 아이가 말문을 열 때까지 포기하지 않고 끊임없이 대화의 시간을 갖고 칭찬거리를 찾은 담임 선생님이 참으로 훌륭하다고 생각된다.

선생님은 이런 변화되는 유광이의 모습을 보면서 부모에게 부모 상담을 적극적으로 권했다. 부모님은 처음에 완강히 거부하셨지만, 유광이가 학교에서 변화를 보이고 있다는 말에 힘을 얻어 상담을 시작하셨다.

한 학기가 지난 뒤, 부모의 강압과 폭력이 줄면서 유광이는 눈에 띄게 변했다. 더 이상 선생님을 걸고 넘어가는 모습이 없다. 괜히 흥분하고 욕하며 수업을 방해하는 모습도 사라졌다. 수업에서 자발적인 참여도 점차 증가하였다. 선생님의 수고와 관심이 부모의 마음을 움직였고, 부모가 변하기 시작하니 유광이도 변한 것이다. 지금 유광이의 모습은 유순하고 깔끔한 이미지로 변하고 있다.

무서운 겉모습 속 여린 속사람

유광이의 사례를 접하면서 역시 아이들을 겉으로 보이는 문제로만 판단하고 구제 불능으로 취급해서는 절대 안 된다는 생각을 다시금 하게 된다. 사실 사춘기 아이들을 대할 때 무섭기도 하고 꺼려지는 경우도 많다. 오죽하면 멀리서 중고등학생 무리가 보이면 피해 가야 한다는 웃지 못할 말도 있을까. 물론 집단으로 갱처럼 무리를 지어 걷거나 오토바이 폭주족처럼 무법천지를 만들며 다니는 아이들은 정말 무섭기

짝이 없다.

그렇지만 그런 아이들도 개별적으로 만나보면 그렇게 무서운 모습이 아니다. 오히려 일반 아이들보다 어린아이 같은 면이 많다. 속사람은 또래보다 너무나 어린 모습이지만, 원하는 사랑을 받지 못해서 겉으로 강한 척하려고 그런 행동을 하는지도 모른다.

아이들이 문제 행동을 하는 것은 어쩌면 속사람이 너무 여려서가 아닐까? 마음이 여려진 것은 상처를 많이 받았기 때문이다. 아이의 행동을 나무라거나 꾸중해서 행동을 바꾸려는 데만 혈안이 될 게 아니라, 아이의 여린 속사람을 보아야 한다. 학교나 주변에서 보이는 사춘기 아이들의 거친 행동에 소스라치게 놀라며 그들을 비난할 게 아니라, 그들의 마음이 여리게 된 원인들을 이해하고 그것을 바탕으로 왜곡된 마음을 다독여주어 바르게 교정하도록 도와야 한다.

유광이 담임선생님처럼 문제 행동을 보이는 겉사람이 아닌 사랑받지 못하고 인정받지 못해 약해진 속사람에 관심을 갖고, 그것을 회복시키기 위해 그동안 행한 잘못된 방법을 버리고 바른 방법을 찾도록 격려해주어야 한다. 그러기 위해서는 좋은 기대와 희망을 심어줄 수 있는 새로운 어른과의 관계가 매우 중요하다. 그것이 상담가이건 선생님이건 삼촌이나 이모, 지역사회의 누구이건 상관없다. 좋은 어른 모델은 누구나 될 수 있다. 아동 청소년의 상담에서 중요하게 여기는 것은 바로 이런 좋은 역할을 할 어른을 잘 만나는 것이다.

문제 행동을 보이는 아이들에게도 저마다 사연이 있다. 그래서 상담가들은 '모든 문제 아이들에게는 긴 스토리가 있다'고 이야기한다. 교실에서 자꾸 삐뚤어진 모습을 보인 아이는 알고 보니 아빠가 엄청 구타를 한단다. 선생님 말마다 토 달고 말대답해서 짜증나게 만든 아이는 엄마가 그 아이에게 온갖 욕설을 퍼붓는단다. 친구를 괴롭히는 아이는 집에서 형만 챙기는 엄마 때문에 투명 인간 취급을 받는단다. 일명 가정의 희생양이다. 친구들에게 폭력을 휘두르는 아이들 중에는 자기가 당한 것에 비하면 아무것도 아니라고 말하는 아이도 있다.

아이들에게는 그렇게 행동할 수밖에 없는 나름의 '개인사(個人史)'가 있다. 아이들의 행동은 자신의 고통을 알아 달라는 몸부림일 수도 있다. 어떤 면에서는 이렇게 문제를 드러내는 아이들이 더 낫다. 어떻게든 문제를 해결하도록 도와줄 수 있으니 말이다. 이렇게 밖으로 드러내는 아이들보다 더 심각한 경우가 내면화된 형태의 문제를 갖고 있는 아이들이다. 드러나지 않게 정서적으로 혼자만 느끼다가 갑자기 자살 행동 등 극단적으로 드러내는 것이 이런 내면화 문제를 갖고 있는 아이들이다.

이런 개인사를 보면 그 아이를 바라볼 때 새로운 관점이 생긴다. 그건 바로 '불쌍하게 여기는 마음'이다. 나는 이 마음을 '긍휼'이라고 부른다. 사람이 누군가를 진정으로 사랑하게 될 수 있는 경지에 오르는 것은 결국 이 마음에 다다를 때인 것 같다. 사람에게는 선함도 있지만 악함도 있다. 그런 악한 모습에 상처받기에 충분히 사랑하기가 참 힘들다. 그럼에도 사랑으로 품을 수 있는 길은 '긍휼히 여기는 마음'을 갖는 것이다.

상담을 하다 보면 누구도 그 사람만을 나쁘다고 탓하기가 참 어렵다는 경험을 한다. 그 사람을 그렇게 만든 상황이 있고, 그렇게밖에 자라지 못해 생긴 결핍감으로 이렇게 망가지고 있구나 하는 생각을 하게 되기 때문이다. 특히 아이의 경우 부모의 피해자이다. 사이코패스로 뇌가 이상해진 사람이 아닌 이상 긍휼을 느끼며 사람을 품을 수 있다.

사춘기 아이들이 저연령화하면서 문제 행동의 양상도 더 심해지는 모습에 놀라기보다 긍휼한 마음을 품어본다. 지금 사춘기 아이들은 충분히 놀지 못했고, 친구랑 맘 편히 신나게 어울리지 못했으며, 공부에 일찍 내몰렸다. 참 측은하다. 어쩌면 사춘기 아이들이 보이는 모습은 영유아기, 학령기를 거치면서 충분히 채워지지 않은 영역의 문제를 드러내는 것이 아닐까? 어떤 아이는 반항으로 자신의 깊은 화를 알려주고, 어떤 아이는 퇴행으로 부모에게 부족한 애정을 충족받겠다고 신호를 보낸다. 동성이나 이성 친구에게 깊이 빠져버리는 것은 부모에게 심적 포기를 선언하는 모습일 수도 있다. 사춘기 양상을 빌어 사춘기 아이들이 속사람을 드러내고 있는 것은 아닐까?

이 속사람의 욕구를 사춘기 때 또다시 무시당한다면, 아이들은 다시 숨기게 되고 더 나이 들어 드러낼 것이다. 그 시기는 언제일지 모른다. 고등학교 때일 수도 있고, 어쩌면 사회에 나가서 나타날 수도 있고, 혹은 결혼 후 배우자를 속 썩이며 나타날 수도 있고, 중년의 늦바람으로 나타날 수도 있다.

인생에서 자기가 원하는 바를 이루기 위해 언젠가 드러낼 때가 한 번은 있으니 말이다. 앞의 글에서도 언급했듯이 뒤늦게 나오는 문제는 항상 더 심각하다. 차라리 지금 나오는 사춘기 아이들의 속마음을 빨리 이해하고 도와주는 것이 더 큰 문제를 예방하는 가장 빠른 길이다. 내 아이의 사춘기 모습은 어떤 속사람의 모습인지 다시 살펴보자.

건강한 사춘기를 보내는 아이의 특징

무서운 중2병?

초등학교 고학년 자녀를 둔 부모들은 이전과 달라지는 아이의 모습을 보면서 사춘기가 오는 게 아닌가 싶어 긴장하게 된다는 말을 한다. 여기저기 직접 들은 이야기나 소문을 통해 요즘 중학생들이 보통이 아니라는 데 잔뜩 겁을 먹는다. 갑자기 그렇게 변한다는 것 자체를 마치 큰 문제가 생기는 듯이 여긴다. 이는 부모들이 사춘기 자녀의 변화를 불량스러운 모습으로 그리기 때문이다.

이러한 현상을 함축시킨 표현 중 하나가 '중2병'이라는 용어다. 일본에서 유래된 이 말은 사춘기 아이들의 특징인 심리적 행동적 상태가 중학교 2학년 때 최고조가 된다는 의미이다. 남들보다 우월하다는 착각 속에서 사는 청소년의 모습을 비하하는 말로, 사춘기에 자연스럽게 나타나는 반항과 멋 부리기 성향을 뜻하기도 한다. 초등학교 고학년부터 나타나기 시작하는 사춘기 모습이 중2에 절정을 이루다가 중3 때 고입을 앞두고 행동이 절제되면서 반항도 수그러드는 모습을 보인다. 대다수의 아이가 중2를 기점으로 이런 변화를 보인다고 하지만, 아이의 발달 속도는 개인차가 있어 각각 절정 시기가 다를 수 있다는 점을 이해하는 것이 중요하다.

부모들은 '중2병'이라는 말만 들어도 무시무시하다고 말한다. 하지만 내가 만난 아이들 중에는 사춘기 모습이 그렇게 극으로 치닫지 않은 경우도 많았다. 분명 건강하게 사춘기를 지내는 아이도 많다. 나름 반항도 하고 감정 변화도 잦고 자기 잘난 맛에 사는 모습을 보이지만, 부모와도 친구와도 크게 갈등 없이 지낸다. 도대체 이들은 어떻게 사춘기를 잘 보내는 것일까?

건강한 사춘기 아이들의 모습

건강한 사춘기 아이들의 모습에는 몇 가지 특징이 있었다.

첫째, 그들은 자기가 하고 싶은 것을 요구하는 데 당당하다. 부모에게 자신을 표현하는 데 겁먹지 않고 당당하게 하고 싶은 말을 한다. 자기 의견을 말하는 데 주저함이 없다.

둘째, 자신의 감정을 잘 드러낸다. 짜증나거나 불평스럽거나 화가 나는 등의 부정적 감정을 숨기지 않는다. 억울하면 억울한 대로 표현하고 좋을 때는 마냥 행복해하는 모습은 마치 감정의 롤러코스트를 탄 것처럼 보이지만, 자기감정에 솔직해서 좋다. 그러면 부모가 아이의 감정을 읽기 수월하며, 그에 대해 함께 이야기 나누기가 쉽다.

셋째, 자신의 감정을 잘 조절한다. 친구에게 놀림을 당하거나 부당한 대우를 받아 화가 난다고 해서 감정대로 행동하는 것이 아니라, 위험하고 친구들이 싫어하는 방법은 피할 줄 안다. 그리고 악기든 운동이든 게임이든 자신만의 스트레스 푸는 방법을 갖고 있다.

넷째, 어려움이 생길 때 자신의 이야기를 들어줄 '편'이 있다. 내 편이 부모가 되기도 하고 때로는 친구가 되기도 한다. 그렇게 어떤 문제에서든 자기가 나누고 싶은 비밀이나 속상한 마음을 공유하고 들어줄 누군가가 있다.

다섯째, 자신의 문제를 스스로 해결하는 능력이 있다. 자신을 괴롭히거나 화를 돋우는 친구에게 직접 대응할 줄 안다. 동시에 혼자 감당하기 힘든 갈등이나 곤란한 일이 생길 때 혼자 끙끙 속병을 앓는 것이 아니라 위로와 조언할 사람을 찾는 데 적극적이다.

여섯째, 자기 관리를 할 줄 안다. 남이 시켜서가 아니라 자신이 원하는 방식으로 시간을 관리한다. 공부할 때와 자유 시간을 구분 지을 줄 알며, 친구들과 함께할 시간도 확보한다.

이들의 모습이 변덕스럽고 얌전하지 않고 고분고분하지 않을 수 있다. 그래도 이런 6가지의 모습이 있다면 충분히 건강하다고 볼 수 있다. 이와 같은 건강한 사춘기를 보내기 위해서는 가정의 영향이 절대적으로 크다. 가정의 역할이 예전에는 사회의 기대를 이루기 위해 존재하는 도구적 역할(instrumental role)이었다면, 오늘날은 도구적 역할 뿐 아니라 정서적 안정과 친밀한 교제 같은 개인적 욕구를 충족시키는 표현적 역할(expressive role)을 하고 있다.

일찍부터 학업 스트레스를 많이 겪고 또래와의 경쟁 구도를 경험하는 요즘 사춘기 아이들의 외로움과 고독을 달래주기 위해서는 가족 간의 친밀감과 소속감, 정서적 안정이 필요하다. 가정의 역할을 아이의 발달 단계별로 보면 사춘기 이전에는 친밀감의 역할, 사춘기 직전에는 격려의 역할, 사춘기 초기에는 가슴의 역할, 사춘기 중기에는 인정하는 말의 역할, 사춘기 후기에는 믿음의 역할을 해주어야 한다.

건강한 사춘기 자녀가 부모와의 갈등이 적은 이유는 부모가 약화되는 가족 관계를 이해하고 수용해주기 때문이다. 부모와 함께 무엇을 해야 한다는 당위성을 주기보다는, 자녀가 원하는 것을 표현하게 하고 그것을 자기 나름대로 선택하여 삶을 살아갈 수 있도록 좀 더 많은 자유를 준다. 부모의 의견에 동조할 것을 덜 요구하고 덜 의존하게 하며, 가족 내의 개인차를 인정해주므로 부모와 사춘기 자녀와의 갈등과 긴장이 완화될 수 있다.

사춘기가 되면 가족과의 응집력이 약해진다. 그래서 부모와의 여행이나 외식에 안 가겠다고 고집을 부리기도 한다. 이런 문제로 속상해하는 부모가 많은데, 서로의 기대가 달라지기 때문에 생기는 자연스러운 모습이다. 여기서 오해하지 말아야 할 점은 아이가 약화된 관계를 원할 뿐, 부모와 완전히 분리되기를 바라지는 않는다는 것이다.

사춘기 자녀는 자신의 개성을 인정받고 싶어 하지만 동시에 부모와의 연대감도 유지하고 싶어 한다. 꽤 어른인 척하다가도 갑자기 어린아이 같이 구는 모습을 보이는 것이 이 때문이다. 부모와 분화된 관계를 원해 자신만의 가치관이나 목표를 갖지만, 그러면서도 부모의 정서적 헌신은 여전히 기대하는 모습을 보인다.

따라서 부모를 원치 않는다는 식으로 사춘기 자녀의 반항을 잘못 해석해서 부모가 자녀에 대한 정서적 헌신을 철회한다면, 아이는 깊은 상처를 받고 더욱 화를 낼 것이다. 자녀가 어른인 척하려 할 때는 그렇게 인정해주고, 어린아이 같이 퇴행적 행동을 할 때도 있는 그대로 받아주는 것이 가장 좋다.

건강한 사춘기 자녀가 되기 위한 필수 요인 3가지

사춘기는 아동기에서 성인기로 넘어가는 시기이다. 이러한 과정에서 자녀가 건강하게 사춘기를 보내도록 도울 수 있는 방법은 아이의 '자율성 형성', '자존감 세우기', '친구 사귀기'이다.

1. 자율성 기르기

• 행위적 자율성

자율성(autonomy)은 행위적 자율성과 정서적 자율성으로 나누어볼 수 있다. 행위적 자율성은 지나치게 남에게 의존하지 않으면서 혼자 힘으로 충분히 살아갈 수 있을 만큼 독립적이고 자유로운 것을 말한다. 그리고 정서적 자율성은 부모와의 연대에서 어린아이같이 밀착된 관계로부터 점차 탈피하는 것이다.

아이들은 이런 자율성을 서서히 단계적으로 배우길 원한다. 갑자기 많은 자유가 주어지면 어떻게 사용해야 할지도 모르고, 아직은 책임지는 것에 대한 부담을 느끼고 있기 때문이다. 그래서 아이들이 원하는 바가 있을 때 말싸움으로 실랑이를 하지 말고 실제 해보게 한다면, 의외로 아이들이 행동을 금방 접는 경우가 있다.

한 예로 성형 수술을 하고 싶다고 매일 조르던 중2 딸아이와의 싸움에 지친 엄마가 아이의 손을 잡고 성형외과를 방문해서 예약을 잡고 왔는데, 막상 수술 날짜가 다가오니 아이가 나중에 하겠다며 피하더란다. 성형에 대한 환상이 많았지 정작 성형 수술을 하는 현실에 대해서는 책임질 준비가 전혀 되어 있지 않았기 때문에 엄마가 아이에게 선택을 하게 하자 스스로 포기한 것이다. 엄마의 처신이 매우 현명했다고 본다. 하고 싶다는 아이와 백날 싸워봤자 똑같은 상황만 되풀이된다. 본인이 원하는 대로 해주고 스스로 결정하게 하면, 자신의 의지를 바꾸는 아이가 의외로 많다.

사춘기 아이들은 행위적 자율성 면에서도 모두 자기가 혼자 알아서 하겠다고만 하지 않는다. 옷이나 꾸미는 것, 친구를 선택하는 것은 자기 마음대로 하겠다고 하면서 교육 부분에서는 부모에게 의지하려 한다. 특히 우리나라처럼 교육 정책이 자주 바뀌고 정보가 부정확한 상황에서는 부모의 정보력에 의지하려는 자녀가 많다. 그래서 자녀가 공부를 잘 못할 경우 부모의 정보력을 탓하는 모습도 생기는 것이다. 학업에 관한 한 아이가 다 알아서 하겠지 하고 두기보다는, 부모가 적절하게 지도하며 도와주는 것이 사춘기 자녀와의 관계에서는 더욱 필요하다.

• 정서적 자율성

정서적 자율성 형성은 전적으로 부모에게 달려 있다. 부모가 자녀와 떨어져 있을 때 불안하고 허전하면 의존을 조장할 수 있다. 그러면 자녀도 의존하며 오히려 이런 상태를 즐기려 할 수 있다. 이들은 마마보이, 마마걸 같은 모습이 되어 성인이 된 뒤에도 부모의 그늘에서 벗어나는 것을 스스로 꺼리는 어른아이가 되고 만다. 그렇다고 부모가 먼저 자녀를 떼어놓으려는 것도 자녀에게는 또 다른 상처가 된다.

이런 부모는 자녀를 성가시게 여기며, 아이가 빨리 성장해서 스스로 알아서 하기를 바라는 경우가 많다. 자녀는 건강한 독립보다는 거절감을 느끼며 자신의 정서적 만족을 충족받지 못한다. 따라서 극단적인 생각보다는 자녀가 원하는 정도의 자율성을 인정하고 의존하게끔 중도를 지키는 것이 필요하다.

정서적 자율성이 잘 형성되기 위해서는 '수용하기, 개입하기, 한계선 정하기'의 과정이 필요하다.

첫째, 수용하기를 살펴보자. 이는 자녀가 원하는 것을 들어주면서 욕구를 맞추어주는 것이다. 부모와 자꾸 갈등을 빚는 이유는 아이가 원하는 것이 공부가 아니면 잘 들어주지 않으려 하기 때문이다. 그런 거절이 많으니 나중에는 자기가 원하는 것 자체가 없는 무기력한 아이가 되거나, 매우 반항적이 되어 거짓말로 속이거나 폭발적인 화를 보이거나 아니면 도벽, 가출 등 반사회적 모습으로 자기가 원하는 것을 해결하려는 모습까지 나온다.

일단 아이가 하고 싶어 하는 것을 말할 때 무조건 들어보는 게 중요하다. 이는 아이가 원하는 것을 해주라는 의미가 아니라, 아이가 하고 싶어 하는 마음을 들어주는 자세를 가지라는 말이다. 그리고 들어줄 수 있는 것인지 결정해야 하는데, 부모 마음에 안 든다고 무조건 거절하려는게 아니라 또래 문화를 이해하면서 자녀의 생명과 안전에 문제가 되지 않는다면 수용해주겠다고 표현하면 된다. 그러면 스스로 자기가 원하는 것을 진짜 할 것인지, 어느 정도 할 것인지를 결정하는데, 이때 아이는 자기가 책임지는 것을 배운다. 그래서 정작 부모의 허락이 떨어지면 덜컥 행동에 옮기는 경우가 생각보다 적다.

내 딸도 또래 친구들이 이성 친구가 생기고, 그런 이야기들이 학교에서 들리니까 관심이 생겼나 보다. 하루는 은근히 나를 떠본다.

"엄마는 내가 남자친구가 있으면 어떻겠어? 엄마는 싫지?"

나는 속으로 아이가 벌써 이성에 눈을 떴나 싶어 덜컥하면서도 겉으로는 태연해하며 조심스럽게 말했다.

"남자친구가 생길 수도 있지. 상대가 누구냐에 따라 좋기도 하고 싫기도 할 것 같고. 누가 너 좋아하면 엄마는 싫진 않을 것 같은데."

"정말? 내가 남자친구랑 사귀어도 좋아? 실은 누가 나를 좋아하는데 어떻게 해야 할지 고민 중이야. 좀 생각해봐야겠어."

며칠 뒤 자기 마음을 정리했는지 다시 얘기를 꺼낸다.

"난 지금처럼 지내지 따로 남자친구를 만들고 싶지는 않아. 아직 누구랑 사귀는 사이가 돼서 지낸다는 게 불편하고, 그렇게 그 애가 좋은 것도 아니라 남자친구로 만들고 싶진 않아."

마음속으로 다행이다 싶었다. 만약 내가 그런 생각은 꿈도 꾸지 말라고 윽박지르면서 도대체 누구냐고 파고들었다면, 아이는 얘기도 하지 않고 자기가 원하는지도 아닌지도 모르면서 그 남자아이와 사귀었을지 모른다.

아이들은 하지 말라고 하면 더 하려 한다. 아니 모든 사람이 그렇다. 못하게 하면 반항심만 더 생겨 하고 싶은 욕구가 생기기 때문에 결국 더 하는 모습을 아이 상담과 부모 상담 모두에서 보게 된다. 욕구를 무시하고 억압하는 게 답이 아니다. 그것을 이해하면서 어떻게 그 욕구를 채울지를 찾아주고, 스스로 그것을 어떻게 책임질지 판단하게 하는 것이 건강한 자아를 형성하는 데 도움이 된다. 그렇게 해서 건강한 사춘기 자녀가 되는 것이다.

그런데 자율성을 주라고 해서 아이 마음대로 하도록 내버려두라는 의미는 아니다. 정서적 자율성을 형성하기 위해 두 번째로 필요한 것이 바로 '개입하기'이다. 이는 부모가 '개입'을 통해 자녀를 후원하는 것을 의미한다. 아이의 생활을 모른 체하거나 혼자 다 책임지게 하는 것은 아직 성인이 아닌 아이에게 가혹하기에 부모의 적절한 개입이 필요하다는 것이다. 아이는 모르는 것이 여전히 많고 도움을 받고 싶은 부분도 있기 때문이다.

개입에서 특히 중요한 것은 아이의 마음을 헤아리는 것이다. 부모는 주로 공부에 개입하려 하지만 아이들은 이를 꺼린다. 아이들이 바라는 부분은 공부에 대한 개입이 아니라, 자신에게 관심을 갖고 자기 이야기를 들어주면서 고민을 나누어주는 것이다.

대학 강의에서 만나는 대학생들과 가족 관계에 대해 이야기를 나누어보면, 학생들은 자신보다 더 자기의 상태를 잘 파악하고 세심히 배려해주며 신경 써주는 부모를 참 고마워한다. 형제들의 갈등에 대한 고민을 털어놓을 때 부모가 일방적으로 한 자녀를 지지하지 않고 각자의 이야기를 들은 뒤 어떻게 해결하는 게 좋을지 중재해주는 경우에도 고맙게 느껴진단다.

반면 부모와 갈등을 느끼는 경우는 학업이나 진로에 대한 기대가 너무 높아 집착하거나 억압할 때였다. 사춘기 자녀에게 지금 부모가 해줄 것은 시간과 자원을 들여 자녀와 함께하면서 자녀가 진정 부모를 필요로 하는 영역에서 도와주려는 자세이다.

정서적 자율성을 키우기 위해 마지막으로 필요한 것은 '한계 짓기'이다. 어떤 행동은 해야 하고 어떤 행동은 해서는 안 되는지 등 살아가는 데 필요한 지침들을 가르쳐야 한다. 아이는 반항도 할 수 있고 자기가 남보다 잘난 듯 착각하는 모습도 있을 수 있다. 하지만 수위를 조절하는 법을 배워야 하고 표현하는 방식도 배워야 한다.

사춘기 자녀가 느끼는 마음에는 잘못이 없다. 하지만 자신이 느끼는 것을 사회적 관계에서 어떻게 표현하는 것이 옳은지 배워야 한다. 자신이 한 행동의 결과에 대해 되돌아보고 책임지며, 행동을 조절하는 능력을 키워야 한다. 이는 일종의 사회 규범에 대한 내면화 과정인데, 부모가 먼저 좋은 모델이 되어주면서 억지로가 아니라 자발적으로 친사회적 행동을 따르도록 이끄는 것이 중요하다. 자발적으로 사회 규범을 따르려고 하는 행동이 '내면화된 모습'이다.

이를 위해서는 '한계 짓기' 전의 '수용하기'와 '개입하기'가 적절히 충족되어야 된다. 이 둘의 조건이 먼저 충족되지 않으면 마지막 '한계 짓기'를 통한 자기 조절을 배우기 힘들다. 마지막 단계만 습득한 아이들은 지나치게 남을 의식하며 모범이 되려는 완벽주의 등의 심리적 문제에 빠질 가능성이 높다.

부모는 겉으로 보이는 아이의 이런 모습에 만족하지만, 사실 아이들은 심적으로 병을 키우는 것이다. 이들은 겉으로는 규범을 따르려는 모습을 보이나 마음은 자발적이지 않다. 규범을 따르지 않으면 부모에게 꾸중을 들을까 봐 혹은 비난받는 것이 싫고 두려워서 억지로 하는 것이다. 이는 '내사된 모습'이다. 이렇게 규범이 내사되어버리면 아이는 두려움이 쌓여서 심적 스트레스가 커질 때 큰 문제 행동을 일으키게 된다.

2. 자존감 기르기

사춘기 아이들은 남보다 잘나고 싶어 하는 마음이 큰데, 자신에게서 그런 점을 찾기 힘들 때 열등감을 심하게 느낀다. 남보다 뛰어나고 싶은 영역은 남녀 불문하고 외모가 단연 앞선다. 키, 몸무게, 얼굴 등의 모습으로 서로를 비교하며 부족한 부분에 집중하고, 자기만 그런 부족한 면이 있는 듯 근심한다.

외모 콤플렉스 외에도 남자들의 경우 운동을 못해 어울리지 못하는 데 대한 열등감도 많다. 심지어 남자들은 자신의 우위를 가리기 위해 성기의 크기를 서로 비교하기도 한다. 게임에서도 우위를 따지고, 새로운 휴대전화나 필기도구 같은 물건으로 남과 비교한다. 여자들의 경우 옷 입는 맵시나 브랜드 옷의 소유 등에서 앞서려 한다. 공부를 못하는 것도 심한 열등감을 준다. 공부를 잘해야 선생님과 친구들이 인정해준다고 여긴다.

이런 아이들에게 조금만 먹으라고 하거나 멋만 낸다고 꾸중하거나 공부 성적에 대해 뭐라 하면 몹시 화를 낸다. 자신에 대한 평가에 그렇지 않아도 민감하고 스스로를 하찮게 여기는 부분도 있는데, 부모가 그런 점을 콕콕 찍어서 말하면 아이는 견딜 수 없이 비참해진다. 자신의 흠을 부모가 지적하는 데 대한 반발심도 생긴다. 아이들은 부모가 자신의 장점을 지지해주고 비록 못하거나 부족해 보이는 부분이 있어도 크게 비난하지 않기를 기대한다.

사춘기 아이들은 자존감에 대한 상처에 매우 민감해서 상당히 조심해야 한다. 부모가 자신에게 싫은 소리를 하면 소리치고 버릇없이 대들기도 하며, 조절이 되지 않는 경우 충동적으로 부모에게 심한 공격적 행동을 보이거나 자살 시도까지 하기 때문이다. 쉽게 죽고 싶다는 생각이나 말을 하는 것도 다 자존감의 상처를 견디기 힘들 만큼 괴롭기 때문이다.

사춘기가 시작되면서 자신에 대한 평가가 전반적으로 시작된다. 외모와 같은 신체 능력뿐 아니라 지적 능력과 사회적 능력 등을 또래와 비교하고, 자신의 이상이나 우상과도 비교하기 시작한다. 이러한 비판적 자기 평가 작업 때문에 지나치게 자신을 의식하며, 남보다 우월하다는 생각에서 실수를 하기도 한다. 이런 과정을 통해 점차 진정한 자기와 이상적 자기 간의 간격을 좁히려는 노력을 하는데, 청소년 후기(우리나라의 경우 대학생)가 되어서나 이런 부분의 통합이 이루어진다.

자존감은 자기 평가와 타인의 평가를 통해 생긴다. 자기 자신의 능력과 업적을 통해 만족감이 얼마나 있는지와 부모나 다른 사람(친구나 선생님 등)이 자신을 어떻게 평가해주는가가 영향을 미친다. 따라서 자존감을 갖게 하려면 자녀가 자신의 능력을 지나치게 과대평가하거나 과소평가하지 않도록 해야 한다. 이상적으로 되고 싶은 자신의 모습을 기대하는 '이상적 자기(ideal self)'나 남의 기대를 만족시키려는 '의무적 자기(ought self)'에 매이지 않고, 앞으로 노력하면 가능하다고 보는 자기 모습인 '가능한 자기(possible self)'가 잘 형성되어야 한다.

생각보다 많은 아이가 실제로 공부는 하지도 않고 성적은 전혀 불가능한데도 명문대만을 생각한다. 부모도 그렇게 말했고 자신도 그렇게 되어야 한다고 굳게 믿는 것이다. 이를 이루기 위해서는 노력을 해야 하는데, 공부의 실행은 절대 그 수준에 미치지 못한다. 그러니 이상적 자기와 의무적 자기와의 관계에서 현실적 자기(real self)가 얼마나 큰 충격을 받겠는가?

현실적 자기와 이상적 자기와의 괴리가 크면 좌절감과 실패감을 많이 느낀다. 또한 현실적 자기와 의무적 자기의 큰 차이는 불안을 야기한다. 이러한 심리적 충격을 덜 겪게 하려면 가능한 자기가 중요하다. 현실적 자기에 아직 불만족스럽고 이상적 자기와 의무적 자기 사이에 괴리가 있더라도, 나의 노력으로 그러한 기준에 도달할 수 있다는 자신감과 자기 효능감이 있으면 불안도 견디어낼 수 있기 때문이다.

부모의 긍정적 평가는 절대적이다. 자식은 부모에게 자신이 어떤 모습을 보이던 있는 그대로를 수용해주는 부모를 바란다. 그리고 나의 잠재력을 인정해주고 나만의 강점을 찾아주기를 기대한다. 그런 수용을 통해 자신의 부족한 면을 스스로 사랑하고 인정할 수 있기 때문이다. 이러한 수용에서 오는 기쁨은 긍정 에너지를 만들어 사춘기 자녀가 느끼는 부정적 감정을 감소시키며, 불안이나 죄책감도 망각시킨다. 그래서 더 행복하고 희망적인 마음으로 생활할 수 있게 한다. 이런 긍정적 마음이 아이로 하여금 자아 팽창감을 느끼게 하며, 자존감을 키우도록 이끌어준다.

3. 친구 사귀기

친구는 '또 다른 나'라는 말이 있다. 사춘기의 자녀는 특히 더 그렇게 생각한다. 친구를 통해 자아정체감을 찾으려 하기 때문이다. 즉 다른 사람의 눈에 비친 자신의 모습을 중시 여긴다. 이런 생각이 절정을 이루는 시기가 바로 사춘기이다. 그래서 동조 현상도 심하며, 친구들 사이에서 왕따가 생기면 자기는 소외당하지 않으려고 정의나 의리보다는 스스로를 사리는 모습이 우선적으로 나타난다.

다른 친구들이 자신을 어떻게 보는지 예민하고, 그렇게 보이는 모습을 자신으로 여긴다. 이를 사회적 자아(social self)라고 하는데, 사춘기 자녀에게는 타인의 생각에 대한 지각이 자아 개념에 절대적인 영향을 준다. 그래서 친구들이 인정해주는 행동을 하려 한다. 어른들이 바라는 행동을 버리고 멋대로 구는 모습이 생기는 이유에는 친구들의 인정이 더 중요하다고 생각하기 때문이다. 친구들이 자신을 어떻게 볼지 전전긍긍하면서 인정받으려는 모습도 많아지는 것이다.

건강하게 사춘기를 보내기 위해서는 친구가 필요하다. 부모와 나눌 수 없는 비밀을 나누며 자신의 고충에 공감하고, 부모 흉도 함께 볼 수 있는 그런 '내 편'이 필요하다. 부모가 내 편이 되어주는 것도 좋지만 자녀가 원하는 것은 우선적으로 친구다. 그런 편이 될 친구를 꼭 찾아주어야 한다. 혹시 아이가 집단에 끼지 못하거나 마땅히 맘에 맞는 친구를 찾지 못해 괴로울 때 공부로 대신 그런 외로움이나 허전함을 달래려 한다면, 부모 입장에선 굉장히 고마운 일일 것이다.

하지만 그런 경우 아이는 오히려 공부에 집중하기가 어렵다. 이럴 때 아이의 마음을 헤아리지 못하고 공부를 강요하면, 즐거운 게 하나도 없는 아이 입장에서는 공부가 무의미하게만 느껴지고 의욕도 떨어진다. 왜 공부를 해야 하냐고 자꾸 묻고, 정작 공부하러 책상에 앉아서는 딴 생각이나 한다. 더 나아가 삶에 대한 회의도 생겨 이렇게 산들 무엇하나 싶어 죽고 싶은 마음까지 들게 된다. 이런 생각으로 괴로워 부모에게 이야기라도 하면 다행이지만, 많은 아이가 말도 못하고 지낸다. 그것이 다 심적 억압이 되어 병리성을 만들고 갖가지 심리적 문제를 형성한다. 그래서 최근 사춘기 아이들에게 많아지는 게 자살 시도나 충동의 극단적 행동이다.

어떤 친구를 두었는가에 따라 아이의 행동이나 관심사도 영향을 많이 받는다. 내 아이도 친구에 따라 얼마나 다른 행동을 보였는지 모른다. 처음 사귄 친구들이 간식이나 놀러 가는 데 돈을 잘 써서 나와 종종 갈등을 빚었다. 나는 그 나이에 그렇게 많이 쓰는 게 정상이냐, 학생이 돈을 왜 그렇게 많이 써야 하냐고 제지했다. 그러면 아이는 자기만 용돈이 적어 항상 얻어먹고 다니는 게 엄마는 좋으냐, 왜 나만 용돈을 그렇게 조금 받아야 하냐고 따지곤 했다.

그러다가 어찌어찌하여 친구들이 갈리고 다른 친구와 가까이 지내면서 아이의 행동은 180도로 바뀌었다. 그 친구가 매우 절약하고 아껴 쓰는 편이라 내 아이도 돈 쓰는 것에 대해 신중해졌고, 자기 친구의 그런 면을 배우려는 모습도 생겼다. 내가 입 아프게 수백 번 말했던 것이 친구의 행동을 보면서 단번에 바뀌는 것을 경험하면서 정말 어떤 친구를 만나느냐가 중요함을 강조하게 된다.

또한 자기와 관심사가 일치하면서 그런 친구와 어울려 노는 것을 즐거워해야 친구와의 관계 형성이 수월하다. 사춘기 아이들은 자기가 친하게 지내고 싶은 아이나 집단과 어울리지 못하고 소외당하는 것을 가장 고통스럽게 생각한다. 이런 아이는 친구들과 어울려 있어도 만족감이 떨어지고 내적 고독감을 많이 느껴 괴로울 수밖에 없다.

마음에 맞는 친구가 없다면 부모는 자녀가 느낄 심적 고독이나 소외감을 충분히 들어주고, 친구를 사귀도록 초대하거나 만나는 것을 적극적으로 허용해야 한다. 그런 과정을 통해 마음에 맞는 친구가 생기기만 하면 급격히 일어났던 심적 불안정감이나 자살 충동 같은 극단적인 생각은 쉽게 가라앉고 다시 안정적인 생활을 할 수 있다. 또래 관계가 성공적으로 이루어졌을 때 가치감, 자신감, 상호 독립적인 가족 관계, 자율적인 개인으로 설 수 있다.

대학생들 중 사춘기를 잘 보낸 학생들의 이야기를 들어보면, 가족 간의 대화가 많은 가정에서 자랐다는 공통점이 있다. 대화에서 중요한 것은 먼저 부모가 추측해서 결론적으로 찬성이든 반대를 말하지 않고 중립적으로 판단하는 것이다. 한다. 무얼 해 달라고 하거나 요구할 때 아이가 느끼는 감정을 확인한다. 그러고 나서 그런 감정 뒤에 있는 진짜 바람이 무엇인지 인정한다. 그리고 의견을 어떻게 할지 스스로 생각해보게 한다.

부모가 재판자가 되는 것이 아니라, 아이의 기분을 알아주면서 스스로 판단하게 한다. 그러면 아이는 자신의 감정을 알아준다는 것 자체만으로도 만족감이 생겨 행동을 바르게 한다. 학원에 가기 싫다고 짜증내며 안 가겠다고 버티는 아이에게 "또 시작이니" 하면서 말다툼하는 것이 아니라, "오늘 힘든 게 많은가 보네" 혹은 "기분 나쁜 일이 있었나봐. 학원이 지겨워서 어쩌니" 등으로 감정을 이해해준다. 그러면서 충분히 놀 시간도 없이 이렇게 바쁘게 지내니 참 지치겠다는 아이의 마음도 알아준다. 그러면 아이는 짜증을 내면서도 학원을 가는 모습을 보인다. 이런 결과는 부모 상담에서 수없이 보았다. 자녀와의 대화에서 중요한 것은 가라, 마라 등의 판단이 아니라 '기분을 인정해주는 대화'에 있다.

중2의 사춘기 절정 시기가 다가오면서 또래 갈등이 심화되면 밖에서 친구에게 하지 못한 행동을 집에 와서 푸는 모습도 많아진다. 그럴 때 부모가 왜 그 정도밖에 행동하지 못하나 훈계하고 다그칠 게 아니라, 아이의 말을 들어주면서 심적 고통이 얼마나 큰지 공감해주는 게 필요하다. 공감은 그 자체로 아이에게 큰 심적 에너지를 준다. 혼자라는 느낌이 덜 드니 지금 겪는 문제가 무엇이든 이겨나갈 수 있는 마음도 생긴다. 부모에게 뭐든 나누면서 짐을 덜 수 있어야 아이도 자신의 문제를 해결해가는 방법을 배우면서 다시 일어설 수 있다.

건강한 사춘기 자녀도 부모와 갈등한다

건강한 사춘기 자녀와 부모 사이에도 갈등은 있다. 갈등이 없는 것은 결코 좋은 것이 아니다. 오히려 갈등이 있어야 건강한 사춘기 자녀라고 할 수 있다. 변화가 있으면 당연히 그런 변화에 대해 서로의 입장이 다르니까 맞출 때까지 갈등이 있을 수밖에 없다. 이는 새로운 부모-자녀 관계로 성장하기 위해 생기는 성장통이기에 오히려 반길 일이다. 그런 갈등을 회피하지 않고 적절하게 대응하도록 끊임없이 대화하고 서로의 마음을 이해시키는 과정이 필요하다.

마이크 코어가 행복한 삶을 위해 지금 당장 그만두어야 할 일 9가지 중 하나로 "인생에서 갑작스럽게 생기는 일에 놀라지 말라"는 말을 남겼다. 한마디로 문제없기를 바라지 말라는 것이다. 사춘기 자녀와 지내면서 일어날 많은 일에 놀라지 말자. 인생이 그러하듯 우리 자녀의 삶도 그러한 것이기에……

말은 쉽지만 상담가인 나조차도 내 아이와 그렇게 하기가 간단하지 않음을 고백한다. 그렇지만 아이의 변화에 대한 나의 모습을 돌이켜보면서 갈등으로 느끼는 문제가 누구의 문제인가를 되짚어보기도 한다. 내 품 안의 자식이길 바라는 나의 한없는 이기적인 욕구 때문에 아이의 변화를 싫어하고 두려워할지도 모른다. 그런 나의 모습을 보면서 내가 괴로워하는 것이 내가 채우고 싶은 욕구는 아닌지 반성한다.

삶의 주체가 되는 아이를 인정하기 위해서는 내가 느끼는 불쾌감이 아이 때문이 아니라 나에서 비롯함을 깨닫는 게 먼저다. 사춘기 자녀와의 갈등 속에서 나 또한 내면의 변화가 일어나며, 자녀가 나를 성장시키고 있음을 깨닫는다.

살수록 깨닫게 되는 통찰 중 하나는 어떤 사람도 통제받기를 원하지 않으며, 결국 자기 마음대로 살고 싶어 한다는 점이다. 내 아이도 마찬가지인데 이 진리를 자녀에게만큼은 자꾸 배제시켜놓는다. 갈등의 핵심은 항상 이 진리를 무시했을 때다. 사람은 로봇이 아니고 자기만의 삶이 있으며, 아이 삶의 방향 또한 내 맘대로 할 수 없음을 다시금 배운다. 그래야 진정 건강한 사춘기 자녀로 이 시기를 지나 멋진 성인이 될 수 있을 것이다. 그런 내 아이를 꿈꾸며 나를 반성한다.

엄마도 상처받는다

초판 1쇄 발행 2013년 1월 28일
초판 7쇄 발행 2023년 7월 3일

지은이 이영민

발행인 이재진 **단행본사업본부장** 신동해 **편집장** 김예원
표지 디자인 정계수 **표지 일러스트** 김금복 **교정** 정은미
마케팅 최혜진 신예은 **홍보** 반여진 허지호 정지연 **제작** 정석훈

브랜드 웅진지식하우스
주소 경기도 파주시 회동길 20
문의전화 031-956-7357(편집) 031-956-7087(마케팅)
홈페이지 www.wjbooks.co.kr
인스타그램 www.instagram.com/woongjin_readers
페이스북 https://www.facebook.com/woongjinreaders
블로그 blog.naver.com/wj_booking

발행처 ㈜웅진씽크빅
출판신고 1980년 3월 29일 제406-2007-000046호

ⓒ 이영민, 2013
ISBN 978-89-01-15413-8 13590

웅진지식하우스는 ㈜웅진씽크빅 단행본사업본부의 브랜드입니다.
이 책은 저작권법에 의해 한국 내에서 보호를 받는 저작물이므로 무단전재와 무단복제를 금합니다.
이 책 내용의 전부 또는 일부를 이용하려면 반드시 저작권자와 ㈜웅진씽크빅의 서면 동의를 받아야 합니다.

※ 책값은 뒤표지에 있습니다.
※ 잘못된 책은 구입하신 곳에서 바꿔드립니다.